Opel

Mobilität mit Tradition

Markus Bolsinger
Axel Lengert
Thomas Schulz

Heel

Opel

Mobilität mit Tradition

Markus Bolsinger
Axel Lengert
Thomas Schulz

Heel

Impressum

HEEL Verlag GmbH
Gut Pottscheidt
53639 Königswinter
Tel.: 0 22 23 / 92 30 - 0
Fax: 0 22 23 / 92 30 26

Konzept:
Markus Bolsinger, Axel Lengert

Fotograf:
Markus Bolsinger

Autoren:
Axel Lengert, Thomas Schulz

Layout und technische Abwicklung:
D+K Horst Repschläger GmbH,
Wiesbaden

Lithographie:
Rohland & more,
Offenbach

Druck und Verarbeitung:
Koelblin-Fortuna-Druck,
Baden-Baden

ISBN: 3-89365-883-1

Printed and bound in Germany

Vorwort

Das Zeitalter der Mobilität beginnt für Opel im Jahr 1886. Die Rüsselsheimer starten mit der Fahrradproduktion und verhelfen so einem Großteil der Bevölkerung zu einem zuverlässigen Fortbewegungsmittel. Nach dieser Initialzündung in Sachen Verkehrsmittel beginnt das Unternehmen 1899 mit der Produktion von Automobilen und führt so seine Tradition der Mobilität fort. Die ersten Fahrzeuge sind kutschenähnliche Motorwagen, die ausschließlich einem privilegierten Personenkreis zur Verfügung stehen. Bei Opel reift deshalb der Entschluss, das Automobil zu demokratisieren. Mit innovativen technischen Lösungen und revolutionären Produktionsmethoden gelingt es dem Unternehmen bereits im ersten Drittel des 20. Jahrhunderts, das Automobil einem immer größer werdenden Personenkreis verfügbar zu machen. Nach der Zäsur in der Automobilentwicklung und -produktion durch den Zweiten Weltkrieg setzt Opel dieses Unternehmensziel noch konsequenter um. So wird die Marke mit dem Blitz zu einer treibenden Kraft beim Wiederaufbau der Wirtschaft und zu einem der führenden Automobilhersteller Europas.

Jenen Prozess von 1899 bis Anfang der siebziger Jahre dokumentiert dieses Buch anhand der faszinierenden Opel-Modelle, die heute zu begehrten, zeitlos-eleganten Klassikern gereift sind. Vorgestellt werden 37 Automobile, Motorräder und Lastkraftwagen, vom Opel-Patentmotorwagen „System Lutzmann", dem ersten Opel-Automobil überhaupt, bis zum Aero GT aus dem Jahr 1969. Das Buch ist jedoch mehr als eine nüchterne Rückschau auf die automobile Opel-Historie. Die einzelnen Fahrzeuge werden in meist zeitgenössischem Umfeld präsentiert und lassen den Betrachter eine Zeitreise in die entsprechende Epoche miterleben. Informative Textpassagen begleiten die perfekt komponierten Bildarrangements, die mit Kreativität und viel Liebe zum Detail entstanden sind.

So gesehen verbindet dieses Buch das Nützliche mit dem Angenehmen. Genau wie die Automobile, über die es berichtet.

OPEL

Opel-Patentmotorwagen „System Lutzmann“ 1899 - 1901

Generalprobe

Der geniale Konstrukteur Friedrich Lutzmann aus Dessau gilt neben Gottlieb Daimler und Carl Benz als Wegbereiter des Automobils. Bereits 1894 motorisiert er Kutschen, 1897 präsentiert er auf der ersten deutschen Automobilausstellung in Berlin seine Produkte. Bei den ersten Automobilkonkurrenzen schlagen sich die auf den Namen „Pfeil“ getauften Modelle wacker. Diese Achtungserfolge machen schließlich die Familie Opel, selbst auf der Suche nach einem geeigneten Partner in Sachen Motorwagen-Produktion, auf Friedrich Lutzmann aufmerksam. Nach der ersten Kontaktaufnahme ein Jahr zuvor schließen die Rüsselsheimer Unternehmer und der anhaltische Hofschlossermeister am 21. Januar 1899 einen Vertrag, der das Automobilzeitalter bei Opel begründet.

Opel erschließt sich 1899 die automobile Welt. Premierenpartner: der Dessauer Friedrich Lutzmann.

Stand der Motortechnik 1899: Liegender Einzylindermotor, freiliegende Pleuelstange und Kurbelwelle, Tropföler.

Das erste Fahrzeug „Made in Rüsselsheim“ tauft das junge Automobilunternehmen auf den Namen Opel-Patentmotorwagen „System Lutzmann“. Es basiert auf den von Lutzmann zuvor gebauten „Pfeil“-Modellen, kann jedoch schon einige Innovationen vorweisen. So überarbeiten die jungen Automobilentwickler den Rahmen und die kettengesteuerte Lenkung, um dem Gefährt ein halbwegs stabiles Fahrverhalten zu verleihen. Das war auch dringend erforderlich, denn beim hochbeinigen Lutzmann-Pfeil garantierten die an fahrradähnlichen Gabeln geführten Vorderräder und ein filigraner Kutschenrahmen im Zusammenwirken mit blattgefederten Achsen ein Stakkato ungewollter Richtungswechsel auf den damals üblichen Schlaglochpisten.

Zunächst konstruieren die Motorwagenbauer einen neuen, tieferen Rahmen mit kräftigen Längstraversen, um die Stabilität zu erhöhen und den Schwerpunkt des gut 500 Kilogramm leichten Wagens abzusenken. Besondere Beachtung findet die Vorderachse, die Gabel-Konstruktion wird völlig verworfen. An ihre Stelle tritt eine „hochmoderne“ Starrachse mit Achsschenkel-Lenkung, die zumindest ansatzweise die Lenkbefehle des Fahrers umsetzt. Die Holzspeichenräder tragen zwar „Pneumatiks“ nur gegen Aufpreis, sind aber im Gegensatz zu den bei der Konkurrenz gebräuchlichen Gleitlagern bereits serienmäßig mit Kugellagern ausgestattet.

Für moderaten Vortrieb sorgt ein im Heck liegender, offener Einzylinder-Motor mit 1,5 Liter Hubraum, der ungefähr 4 PS bei 650 Umdrehungen liefert. Pleuel und Kurbelwelle verrichten ihre Arbeit im Freien, für Schmierung sorgen Tropföler über den Lagerstellen. Ein Oberflächenvergaser bereitet das Benzin-/ Luftgemisch auf, das Einlassventil arbeitet nach damaligem Verständnis „automatisch“: Es öffnet sich während des Ansaugtaktes durch den Unterdruck im Brennraum und wird anschließend von einer Schraubenfeder wieder geschlossen. Das Auslassventil arbeitet nach dem noch heute gültigen Prinzip nockengesteuert. Den thermischen Kollaps verhindern hand-

Trichter und Glasflasche gehören zu den typischen Tankutensilien (oben). Senkrecht stehende Lenksäule mit Richtungskurbel und Gangwählhebel (unten).

gelötete Kupferkühler zu beiden Seiten des Maschinenraums, die nach dem Thermosyphon-Prinzip arbeiten und – glaubt man zeitgenössischen Fahrberichten – einen Wasserverbrauch haben, der den Spritkonsum von circa 10 Liter pro hundert Kilometer bei weitem übertrifft. Gezündet wird das von äußeren Einflüssen wie Temperatur, Luftdruck sowie der schwankenden Treibstoffqualität abhängige, mehr oder weniger zündfähige Gemisch von einem ebenfalls nockengesteuerten, elektrischen Summer.

Die Kraftübertragung zur Hinterachse übernimmt ein weitverzweigtes System mit ledernem Treibriemen, Vorgelegewelle, Planetengetriebe, Ritzeln und Ketten. Wieviel von der ursprünglichen Motorleistung angesichts dieses Kräftelabyrinthes tatsächlich zu den Hinterrädern gelangt, ist ungeklärt. Immerhin sorgt die Resultierende für eine Spitzengeschwindigkeit von 20 km/h, selbst Steigungen bis 7 Prozent bewältigt der Opel-Patentmotorwagen, einen geübten Fahrzeuglenker vorausgesetzt. Zur Verzögerung des Gefährtes muss sich der Pilot folgender Taktik bedienen: Zunächst wird mittels außenliegendem Handhebel eine Bandbremse auf das Vorgelege aktiviert, im Bedarfsfall bringt die Fußbremse zwei Lederbänder ins Spiel, die auf Bremstrommeln an den Hinterrädern wirken.

Mit tatkräftiger Unterstützung der Opel-Brüder entwickelt Lutzmann die Motorwagen zunächst weiter, die anfängliche Harmonie wird jedoch mit der Zeit durch unterschiedliche Auffassungen getrübt. Besonders Fritz und Heinrich Opel bemängeln die zögerliche Entwicklung neuer Modelle, außerdem bleibt der wirtschaftliche Erfolg aus. Friedrich Lutzmann wiederum sieht durch die immer intensivere Mitarbeit der Opel-Brüder seine Freiheit als Automobilkonstrukteur gefährdet. 1901 – mittlerweile kann von einer harmonischen Zusammenarbeit sowohl in technischer wie kaufmännischer Sicht keine Rede mehr sein – kommt es zu einer heftigen Fehlzündung in der Chefetage des jungen Automobilherstellers. Opel trennt sich von Lutzmann. Für Opel ist diese Entscheidung notwendig geworden, weil der Anschluss an die automobiltechnische Entwicklung mit den vom Kutschenbau immer noch stark beeinflussten Lutzmann-Konstruktionen verloren geht. Diese bittere Erfahrung müssen die Opel-Brüder nach einem Besuch der Pariser Automobilausstellung machen. Knapp sechzig Hersteller demonstrieren in den Messehallen an der Seine den zukünftigen Weg des Automobilbaus: Leistungsfähige Frontmotoren mit stehenden Zylindern, mehrstufige Wechselgetriebe, Heckantrieb mit Kardanwelle, speziell für die Erfordernisse eines Motorwagens konstruierte Stahlprofilrahmen mit niedrigem Schwerpunkt, komfortable und geräumige Karosserien…

Bis zur Einstellung der Produktion 1901 verlassen insgesamt 65 Opel-Patentmotorwagen „System Lutzmann" die Rüsselsheimer Werkshallen. Nach der Trennung von Lutzmann sehen kritische Zeitgenossen das Ende der Motorwagen-Produktion in Rüsselsheim gekommen. Die Familie Opel beweist solchen Pessimisten in der Folgezeit eindrucksvoll das Gegenteil. Neue Partner und ein wachsender Automobilmarkt bringen das junge Automobilunternehmen Opel erst richtig in Schwung.

Die Zukunft hat begonnen

Nach der ersten Kontaktaufnahme zur damals führenden französischen Automobilindustrie auf dem Pariser Autosalon 1901 und der Trennung von Lutzmann intensivieren die Opel-Brüder die Suche nach einem geeigneten Partner zur Fortführung der Motorwagenproduktion. 1902 werden die Sondierungen von Erfolg gekrönt. Nachdem die zunächst geschlossene Vereinbarung mit Renault an der mangelnden Fertigungskapazität der Franzosen scheitert, schließt Opel mit dem erfolgreichen Motorwagen-Produzenten Alexandre Darracq einen Vertrag, der zugleich einen der ersten, erfolgreichen „Joint Venture“ der Automobilindustrie markiert.

Stehvermögen: Die neuen Einzylinder-Motoren arbeiten nicht mehr in der Horizontalen und sind zuverlässiger.

Kraftquellen: Riesige, stationäre Dampfmaschinen für die Fabriken, kompakte Einzylinder für die frühen Automobile.

Die „Schusterkugel" sammelt Licht für den Arbeitsplatz des Kunstschmiedes, fängt aber auch vorbeifahrende Schmuckstücke ein.

Die Zusammenarbeit zwischen Opel und Darracq bietet für beide Seiten handfeste Vorteile. Den Franzosen sichert die Übereinkunft den Zugang zum stetig wachsenden Automobilmarkt in Deutschland und Österreich-Ungarn. Opel sichert sich durch den Vertrag die Exklusivrechte für diese Länder, darf nicht nur fertige Darracq-Modelle verkaufen, sondern auch angelieferte „nackte" Chassis nach eigenen Vorstellungen oder speziellen Kundenwünschen komplettieren. Ein Erkennungsmerkmal zeichnet jedoch alle frühen Opel Darracq-Modelle aus: Die typische, der damaligen französischen Karosseriemode entsprechend angeschrägte, Motorhaube.

Mit den motorisierten Kutschen aus der Gründerzeit des Automobils haben die neuen Motorwagen nichts mehr gemein, sie präsentieren sich deutlich als eigenständige Fahrzeuggattung. Das Fundament bildet nun ein stabiler Leiterrahmen aus Stahlrohren, der die gesamten Antriebsaggregate, die Achsen und den Karosserieaufbau trägt. Den Holzweg haben die Konstrukteure jedoch noch nicht ganz aufgegeben. Kernfreie Eiche unterstützt den Rahmen bei seiner tragenden Arbeit, die Karosserie entsteht größtenteils in den werkseigenen Schreiner-Werkstätten. Erstaunlich das geringe Gewicht der Opel-Darracq-Motorwagen. Zwischen 550 und 575 Kilogramm wiegen die verschiedenen Modelle, sie sind damit kaum schwerer als die filigranen Lutzmann-Fahrzeuge.

Die Antriebstechnik der Opel-Darracq-Modelle trägt bereits wesentliche Konstruktionsprinzipien, die noch heute bei Fahrzeugen mit konventioneller Bauweise üblich sind: Der Frontmotor treibt über ein mehrstufiges Wechselgetriebe und eine Kardanwelle die Hinterachse an, ein Differential gleicht die Drehzahlunterschiede der beiden Räder bei Kurvenfahrt aus. Unter der modischen Motorhaube arbeitet ein vergleichsweise kompaktes Einzylinder-Triebwerk mit 1,3 Liter Hubraum, das im Gegensatz zur Lutzmann-Ära die Arbeit nicht mehr liegend, sondern aufrecht stehend verrichtet.

Zylinderkopf und -block bilden eine Einheit und ruhen auf einem geschlossenen Aluminium-Kurbelgehäuse, Haupt- und Pleuellager versorgen sich durch heftiges Herumplantschen im Ölsumpf mit Schmierstoff. Den erheblichen Ölverbrauch muss der Fahrer mit regelmäßiger Arbeit an einer vor ihm stehenden Handpumpe kompensieren, die frisches Öl über eine Pipeline aus dem Vorratsbehälter an der Spritzwand in den Motor befördert. Sowohl Einlass- wie Auslassventil stehen – mit dem Ventilteller nach

Einsteigermodell: Die Fontpassagiere erreichen ihre Sitzplätze bequem durch die Hintertür. Allerdings muss der Chauffeur Vorarbeit leisten und das Verdeck schließen.

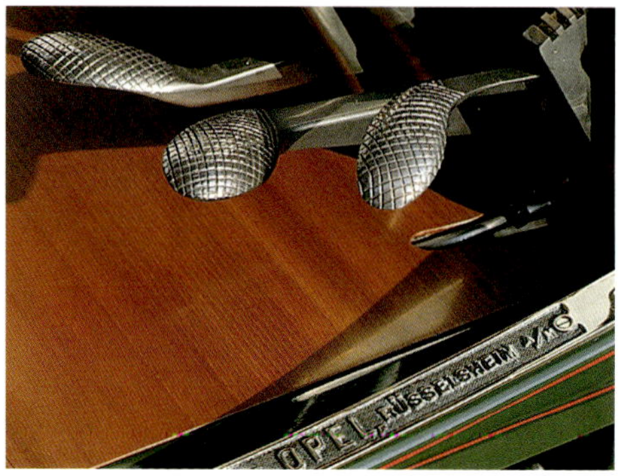

Messing gehört, sehr zum Leidwesen der Chauffeure, zu den bevorzugten Materialien im Motorwagenbau. Denn solch glänzende Resultate lassen sich nur mit enormem Polieraufwand erzielen.

oben – aufrecht neben dem Brennraum und werden von einer Nockenwelle beaufsichtigt. Die Gemischaufbereitung übernimmt ein Spritzvergaser, für mehr oder weniger regelmäßige Detonationen des angesaugten Gemisches sorgt eine Batteriezündung. Bemerkenswert das aufwändige Kühlsystem, in dem bereits eine Zentrifugalpumpe das kühlende Medium umwälzt: Ein großzügig dimensioniertes Wasserreservoir bietet ausreichend Reserven für längere Ausfahrten, der Zylinder des 9 PS starken Triebwerkes wird von einem Wassermantel umhüllt. Die Hitze entsorgt eine Rohrwendel mit aufgelöteten Kühlrippen durch den Fahrtwind. Einziger Wermutstropfen: Dieser, „Schlangenkühler“ getaufte, Wärmetauscher liegt unterhalb des Rahmens zwischen den Vorderrädern und damit im extrem steinschlaggefährdeten Bereich.

Mit der neuen Automobiltechnik sinkt der Spritkonsum deutlich unter die 10 Liter-Grenze bei gleichzeitig erheblich verbesserten Fahrleistungen: 45 bis 50 Kilometer rennt der Opel Darracq 9 PS in der Stunde. Diese Höchstgeschwindigkeit verlangt jedoch nach einer vorausschauenden Fahrweise, denn die Verzögerungseinrichtungen beschränken sich auf lederbezogene Bremsbacken, die auf Kardanwelle und Hinterräder wirken. Die Vorderachse bleibt wie in den Folgejahren ungebremst.

1902, im ersten Jahr der deutsch-französischen Kooperation, fertigt das junge Automobilunternehmen 64 Motorwagen und erreicht damit fast die Produktionszahl der zurückliegenden, dreijährigen Startphase. Die Familie Opel ist verständlicherweise hochzufrieden mit dem Geschäftsverlauf und erzielt endlich den erhofften Gewinn. Trotz des Erfolges keimt in den Köpfen der Opel-Brüder die Unzufriedenheit. Vor allem Fritz und Wilhelm wollen ihr auf Technischen Hochschulen erworbenes Wissen besser einsetzen und das Geschäft mit eigenen Konstruktionen weiter ankurbeln. Noch im gleichen Jahr fällt die Entscheidung, parallel zur Darracq-Lizenzfertigung eigene Opel-Motorwagen zu entwickeln.

Opel

Der Traum vom eigenen Wagen

Auf die Dauer verspricht das florierende Motorwagen-Geschäft zwar wirtschaftliche Gewinne, doch ist die Abhängigkeit von Darracq für die Opel-Brüder eher unbefriedigend. Für die kommenden Jahre wollen die Rüsselsheimer ihre technische Kompetenz beweisen und eigene Modelle entwickeln.

Der Familienausflug per Automobil unterliegt 1902 grundlegend anderen Rahmenbedingungen als heute.

Das erste eigenständige Opel-Modell setzt sich mit dem senkrecht stehenden Wabenkühler deutlich von den Vorgängermodellen nach Darracq-Baumuster ab.

Bei der Entwicklung des ersten Opel-Modells steht für die Rüsselsheimer eines fest: Der Motorwagen aus eigener Entwicklung soll zwar aus technischer Sicht auf den erfolgreichen Darracq-Fahrzeugen basieren, die äußere Erscheinung muss aber die neue Eigenständigkeit deutlich demonstrieren. Das markanteste Erkennungsmerkmal der Darracq-Modelle, die abgeschrägte Motorhaube mit dem darunterliegenden Schlangenkühler, wird deshalb völlig verworfen. Die jungen „Opel-Designer" spendieren dem Premierenmodell 10/12 PS einen senkrecht stehenden Wabenkühler mit Messingrahmen, dessen Form die dahinterliegende Motorhaube waagerecht bis zur hölzernen Spritzwand fortführt. Die neue Front ist aber nicht nur ein optisches Highlight. Sie birgt auch technische Verbesserungen, wie den zeitgenössischen Verkaufsprospekten zu entnehmen ist: „Die Wasserpumpe ist direkt mit dem Motor verbunden, wodurch viele Unannehmlichkeiten vermieden werden; sie ist ganz identisch mit den Pumpen, welche ich seit Jahrzehnten an meinen Werkzeugmaschinen benutze und kann ich ruhig sagen, dass dieselbe über jeder Kritik steht… Die Wasserkühlung, stets nach den neuesten Erfahrungen gebaut, ist am Vorderteil des Wagens angebracht, wo sie der entgegenkommenden Luft am besten ausgesetzt ist; dieselbe befindet sich ebenfalls in allernächster Nähe des Motors, wodurch eine complicirte Wasserleitung vermieden ist. Die Wassermenge in Verbindung mit der Kühlung genügt, um einen ganzen Tag damit fahren zu können, ohne dass man nötig hat, sich nur einen Augenblick um den Wasserverbrauch zu kümmern."

Eine weitere markante Neuerung unter der Blechhaut: Der Zweizylinder-Motor mit einem völlig neu konstruierten Zylinderkopf, der das Aggregat nach dem Querstromprinzip beatmet. Rechts und links der Zylinder stehen je zwei Ein- und Auslassventile, zwei in den Tiefen des Triebwerks rotierende Nockenwellen sorgen für taktgenaue Bewegungen. Die Gemischbildung übernimmt ein Spritzvergaser „...welches System fast bei allen neueren Motoren in Gebrauch steht; ich habe aber noch einige Vervollkommnungen angebracht, wodurch er hinsichtlich der Oekonomie beim Benzinverbrauch an der Spitze aller steht. Bei dem Criterium des Benzinverbrauches gebrauchte einer meiner Wagen auf 100 Kilometer Strecke nur 6 Liter 570 Gramm Benzin."

Die Rüsselsheimer sind auch mächtig stolz auf ihr neues Dreigang-Wechselgetriebe: „…hat eine wesentliche Verbesserung erhalten dadurch, dass die größte Schnelligkeit direkt vom Motor auf die Hinterachse übertragen wird ohne jedes weitere Zwischengetriebe. Durch diese direkte Übertragung… wird die Anbringung einer vierten Geschwindigkeit vollständig überflüssig." Tatsächlich ist dieses Getriebe ein technischer Leckerbissen, der auch heute noch durch seine einfache und robuste Konstruktionsweise überzeugt. In dem fettgefüllten, geschlossenen Getriebegehäuse aus Aluminium sitzen zwei Hauptwellen. Die erste Welle, zugleich Getriebeein- und ausgangswelle, ist zweigeteilt und wird in der dritten Fahrstufe mittels Kupplungsklauen gekoppelt, sodass ein direkter Durchtrieb zur Hinterachse entsteht. In der ersten und zweiten Fahrstufe sowie im Rückwärtsgang wird diese Welle entkoppelt, die Kraft wird über die jeweiligen Gangräder der zweiten Hauptwelle übertragen. Auch die einfachen Gangwechsel der Schaltbox sollen die Kunden überzeugen: „....Die verschiedenen Geschwindigkeiten und der Rückwärtsgang werden mit Hülfe eines einzigen Hebels bewerkstelligt, der sich unter dem Steuerrad befindet und bequem gehandhabt werden kann."

Bei einem Besuch der Pariser Automobilausstellung Ende 1902 erkannten die Opel-Brüder einen neuen Trend, der auch die Entwicklung des 10/12 PS-Motorwagens beeinflusste. Zahlreiche Konkurrenten präsentierten Modelle, die nicht mehr auf Rohrrahmen-Gestellen ruhten, sondern über einen wesentlich verwindungssteiferen Leiterrahmen aus U-förmigen Stahlprofilen verfügten. Folgerichtig wendet sich Opel auch vom Rohrrahmen-Chassis ab und verwendet nun „faconnirte“ Winkel und U-Eisen zur Konstruktion des tragenden Unterbaus, der jedoch nach wie vor mit kernfreiem Eichenholz armiert ist.

Die in den Werbeprospekten von 1903 gepriesene, einfache Handhabung der Opel-Motorwagen trägt angesichts heutiger Gepflogenheiten hinter dem Volant eines modernen Automobils satirische Züge: „Die geneigte Radsteuerung, ein sehr sicheres und allgemein adoptirtes Typ, ist ausserordentlich sanft und dabei wenig empfindlich gegen Stösse.
… dank einer eigenartigen Anbringung von federnden Kugelgelenken. Unter dem Steuerrad befindet sich ein Kreisausschnitt, welcher den Hebel zur Aenderung der Uebersetzungen, zur Regulirung des Gasgemisches und der

Startallüren: Mit den Hebeln an der Lenksäule Zündung auf „spät“ stellen, Handgashebel vor, Vergaser bis zum Überlaufen der Schwimmerkammer „tupfen“. Danach Anlasskurbel kräftig drehen und rechtzeitig loslassen.

Waschstraßen sehen anno 1902 noch etwas anders aus als heutzutage.

Frühzündung trägt. Am Fusse des Steuerungrohres und gut gelegen für die Füsse des Fahrers befinden sich zwei grosse Pedale; das zur Linken schaltet die Friktion aus, das zur Rechten setzt eine Bremse in Tätigkeit, welches mittels starker Metallbacken die Gelenkwelle bremst und ebenfalls die Friction ausschaltet … Auf der rechten Seite des Fahrers befindet sich ein Hebel, welcher zur Inbetriebsetzung einer nicht minderkräftigen Bremse dient … Durch diese Bremse kann ebenso wie durch die Pedalbremsen ein momentanes Halten bewerkstelligt werden. Diese zweite Bremse schaltet ebenfalls den Motor aus, ein wichtiger Punkt, welcher das äusserst Erreichbare für die Sicherheit der Fahrer darstellt…“

Obwohl der Firmengründer Adam Opel bereits 1895 starb und so den Beginn des Automobilzeitalters in Rüsselsheim nicht mehr erlebte, erweisen ihm seine Söhne nach wie vor höchsten Respekt. So beispielsweise der hier zitierte Verkaufskatalog für das Modelljahr 1903, in dem Adam Opel posthum für die Motorwagen wirbt: „… Meine neuen Typen weisen alle Verbesserungen auf, die sich ergeben haben aus den Resultaten mehrjährigen Arbeitens in der Motorbranche bei ununterbrochenen Erfolgen. Ich kann ruhig behaupten, dass meine Wagen das höchste bis jetzt im Motorbau erreichte repräsentiren. Hochachtend Adam Opel.“

APOTHEKE.

Fahrpraxis

Mit der Einführung des Modells 4/8 PS, das als „Doktorwagen“ in die Automobilgeschichte eingeht, gelingt dem Rüsselsheimer Automobilunternehmen im Jahre 1909 der endgültige Durchbruch. Der äußerst günstige Preis, die geringen Betriebskosten und eine einfache, robuste Konstruktion erschließen jene Käuferschichten, die einerseits aus beruflichen Gründen mobil sein müssen, andererseits das Wagnis „Automobil“ bislang aus finanziellen Gründen scheuten. Ärzte, Tierärzte, Apotheker oder Rechtsanwälte gehören von nun an zur Rüsselsheimer Stammkundschaft und treiben die Verkaufszahlen kräftig nach oben.

Mechanische Pipeline: Die Baggerölung versorgt das Triebwerk mit frischem Schmierstoff.

Mit dem „Doktorwagen“ verdoppeln sich 1910 die Opel-Produktionszahlen von 845 auf 1615 Modelle.

Ausschlaggebend für die Einführung eines „kleinen Opel-Wagens“ sind mehrere Faktoren. Zum einen bleibt der Kundenkreis der bislang angebotenen, teuren Luxusmodelle relativ klein. Von den knapp 65 Millionen Deutschen gehören lediglich 25 000 zur begüterten Oberschicht, nach einer im Februar 1908 veröffentlichten Einkommensstatistik gibt es im ganzen Land nur 77 Millionäre. So stagniert nach den ersten Erfolgsjahren die Fahrzeugproduktion: Circa 500 Modelle verlassen von 1906 bis 1908 jährlich die Werkshallen, Motorwagen sind selbst für das besser verdienende Bürgertum noch zu teuer. Denn neben der Anschaffung, immerhin sind für einen repräsentativen Opel-Motorwagen zwischen 8 000 und 22 500 Mark fällig, muss der Fahrzeugeigner noch die Kosten für einen Chauffeur und/oder Mechaniker sowie für Ersatz- und Verschleißteile aufbringen. Zum Vergleich: Facharbeiter in der Opel-Motorwagenproduktion verdienen monatlich rund 120 Mark und gehören damit zu den Spitzenverdienern in der aufstrebenden deutschen Industrie. Ein weiteres Problem gilt es zu lösen: Die bislang angebotenen, günstigen Klein- und Kleinstwagen erweisen sich nur allzu oft als spleenige Spielzeuge, die weder in Sachen Komfort, Leistung oder Zuverlässigkeit auch nur annähernd das Niveau der in Rüsselsheim gefertigten Motorwagen erreichen und der Kundschaft das Autofahren gründlich vermiesen. Also muss Opel mit der Einführung eines Einsteigermodells nicht nur das bislang übliche Preisgefüge deutlich nach unten korrigieren und neue Käuferschichten ergründen, sondern auch Überzeugungsarbeit leisten, dass sich die neue Fahrzeugklasse auf dem gleichen, technisch hohen Niveau befindet wie die wesentlich teureren Modelle.

Der Grundpreis des 4/8 PS „Doktorwagen“ beträgt 3 950 Mark, weniger als die Hälfte des bis dato als Basismodell gehandelten Motorwagen 10/18 PS. Diesen Preisrutsch erkämpfen sich die Opel-Brüder mit einer erheblichen Straffung der Produktion und der gesamten Modellpalette. Waren bis 1908 alle ausgelieferten Motorwagen individuelle Einzelanfertigungen, führt das Unternehmen nun eine Art Baukastensystem ein, das die Kombination vorgefertigter Karosserien mit unterschiedlichen Fahrgestellen und Motoren zulässt. Diese Maßnahme senkt die Fertigungskosten der gesamten Motorwagenproduktion erheblich. Die „Doktorwagen“-Palette wird noch konsequenter auf drei Varianten begrenzt: Ein offenes, zwei- oder dreisitziges Modell und ein geschlossener Landaulet setzen die Mitarbeiter aus teilweise vorgefertigten Bauteilen zusammen. Dadurch verringern sich nochmals Produktionszeit und Teilevielfalt, was zu einer zusätzlichen Kostenreduktion führt.

Wasser marsch: Die Verbrauchswerte von Treibstoff und Kühlmittel liegen eng beieinander.

Stand der Motortechnik: Kopf und Block bilden eine graugusseiserne Einheit, das Kurbelgehäuse besteht bereits aus Aluminium.

Der Kunde bekommt ein vollwertiges Automobil, dessen technische Ausstattung, Fahr- und Bedienungskomfort den größeren Modellbrüdern ebenbürtig ist: Ein Vierzylindermotor treibt über ein Dreigang-Wechselgetriebe und Kardanwelle die Hinterachse an, kräftige Backenbremsen verzögern sowohl Hinterräder wie Getriebewelle. Zur einfacheren Handhabung und Wartung spendieren die Rüsselsheimer Techniker und Ingenieure dem Wagen einige Neuerungen. So besteht der Motor nicht, wie bisher üblich, aus paarweise zusammengegossenen Zylindern, sondern erstmals aus einem kompakten Gussblock. Die seitlich stehenden Ein- und Auslassventile sind gleich groß und lassen sich durch das Lösen von Verschlussschrauben einfach auswechseln. Wesentlich einfacher gestaltet sich nun die Motorschmierung. Der Pilot muss nicht mehr per Handpumpe dem Motor Frischöl zuführen, diese Arbeit übernimmt vollautomatisch die sogenannte Baggerölung. Aus einem Reservoir an der Spritzwand fördert eine mit kleinen Schaufeln bestückte Kette Schmierstoff aus einem Ölsumpf zu trichterförmig geöffneten Leitungen, die das Aggregat mit frischem Öl versorgen. Der Clou dieser Einrichtung: Da die Baggerölung über einen Riementrieb direkt vom Motor angetrieben wird, fördert sie entsprechend der Motordrehzahl genau das jeweils nötige Ölquantum. Bei niedrigen Drehzahlen und damit geringem Schmierstoffbedarf ist die Fördermenge entsprechend klein, bei steigender Drehzahl und damit höherem Schmierbedarf proportional größer. Eine wesentliche Vereinfachung bei der Bewältigung der häufigen Pneumatikdefekte, verursacht durch meist flächendeckend verstreute Hufnägel, verspricht eine neuartige Rad-/Reifenkombination. Bislang versprach eine Reifenpanne langwierige Schwerstarbeit, weil das komplette Rad getauscht werden musste. Beim „Doktorwagen" vereinfacht sich diese Prozedur erheblich, weil der Reifen nun getrennt vom Holzspeichenrad auf einer stählernen Felge sitzt, die mit fünf Schrauben einfach fixiert werden kann.

Die zuverlässige und robuste Technik überzeugt besonders in den abgelegenen Winkeln des Landes mit wenig befestigten Straßen und Feldwegen. Der „Doktorwagen" kämpft sich mit üppiger Bodenfreiheit, dank 70 Zentimeter hoher Räder, einem geringen Fahrzeuggewicht und einer Schutzwanne unterhalb von Motor und Getriebe selbst unter widrigsten Bedingungen ans Ziel. Und diese eindrucksvollen Darstellungen automobilistischer Leistungsfähigkeit besitzen neben der Genugtuung für den Fahrzeuglenker einen weiteren, von den Opel-Brüdern hoch geschätzten Nebeneffekt: Der „Doktorwagen" wirbt bei jeder Überlandfahrt für sich selbst und überzeugt immer mehr Zeitgenossen, dass so ein Motorwagen aus Rüsselsheimer Produktion eine echte Alternative zur noch weit verbreiteten Pferdekutsche ist...

Opel

Opel
YH-29 198

Neue Formen braucht das Land

Anfang des 20. Jahrhunderts haben sich die Motorwagen endgültig zu einer eigenständigen Fahrzeuggattung entwickelt. Die rasanten Fortschritte der Automobiltechnik drängen das ursprünglich vom Kutschenbau geprägte Erscheinungsbild immer mehr in den Hintergrund. Allerdings beherrscht immer noch die wenig elegante, klotzig-kantige Form mit glatten Flächen, Ecken und Kanten die Karosseriemode. Dieser konservativen Stilrichtung erteilt Opel mit dem Modelljahr 1911 eine endgültige Absage und führt Fahrzeuge mit topmodischer Torpedo-Form ein. Ein typischer Vertreter dieser Stilrichtung: der Opel-Motorwagen 6/16 PS.

*Jetzt geht es rund:
Die neue Torpedo-Linie
verspricht eine
schwungvolle Zukunft.*

Das deutlichste Erkennungsmerkmal der neuen Torpedo-Linie ist die harmonische Einheit von Fahrzeugbug, Vorderbau und Fahrgastraum. Bislang waren diese Karosseriebereiche optisch streng getrennt: Dem mächtigen Kühler folgte eine waagerechte Motorhaube, die abrupt an der steil aufragenden, hölzernen Spritzwand endete. Daran schloss sich der wuchtige Aufbau für den Fahrzeuglenker und die Passagiere an. Diese klassische Trennung ist bei der Torpedo-Karosserie des 6/16 PS völlig aufgehoben. Dem abgerundeten Kühler folgt eine sanft ansteigende Motorhaube, die fließend in die Karosserie übergeht. Die geschwungenen Kotflügel sind innen bis zum Rahmen heruntergezogen und enden übergangslos in den seitlichen Trittbrettern. Den Karosserieabschluss bildet ein wohlproportioniertes, rundliches Hinterteil. Die neue Karosserieform hat aber nicht nur stilistische Vorteile, sie minimiert auch den Luftwiderstand. Daraus resultieren geringere Verbrauchswerte und – darauf kommt es den Opel-Ingenieuren eigentlich an – verbesserte Fahrleistungen. Der 6/16 PS, angetrieben von einem maximal 18 PS starken Vierzylinder mit 1,5 Liter Hubraum, rennt immerhin 60 km/h schnell. Zum Vergleich: Das Modell 24/50 PS, noch mit der klassischen Karosserieform, schöpft aus einem 6,2 Liter-Motor circa 50 PS und ist damit nur 15 km/h schneller.

Unter der Motorhaube wirken 18 PS aus vier Zylindern, unter den Insassen lederbezogene Fauteuils.

Holz, Messing und Leder bestimmen trotz neuer Karosseriemode unverändert das Erscheinungsbild.

Ein weiterer Vorteil der Renovierungsarbeiten liegt in dem wesentlich verbesserten Wetterschutz für Fahrer und Beifahrer. Bislang war diese Tatsache eher nebensächlich, weil sich das Luxusgut Motorwagen überwiegend nur Begüterte leisteten. Und die saßen relativ gut geschützt im Fond des Wagens, während der Chauffeur auf seinem Freisitz hoch über der Spritzwand thronte und sich mit den meteorologischen Unbillen sämtlicher Jahreszeiten herumplagen musste. Mit der Einführung des preiswerteren Doktorwagens ändert sich die Klientel langsam, aber stetig. Immer mehr Kunden können sich zwar ein Fahrzeug, aber keinen Berufskraftfahrer leisten und greifen deshalb selbst ins Lenkrad. Deshalb gewinnt der Komfort auf den vorderen Plätzen immer mehr an Bedeutung. Tatsächlich sitzen die Frontpassagiere relativ gut geschützt in der Torpedo-Karosserie. Zumindest ist die Karosserie nun bis zur Lehnenhöhe der Sitze rundum geschlossen, das serienmäßige Segeltuchverdeck wird direkt am Rahmen der Windschutzscheibe fixiert. Die bis an die Innenseiten heruntergezogenen vorderen Kotflügel verhindern, dass der aufgewirbelte Staub, Schmutz und Regen direkt Richtung Insassen schleudert. Eine Preisliste „für ganz besondere Zubehör- und Ausstattungs-Gegenstände“ bietet weitere, komfortsteigernde Details. Hier kann der werdende Motorwagenbesitzer eine Heizungsvorrichtung, Blumenvasen, Zigarrenanzünder, Lüftungsklappen für den Fußraum oder einen „....zweiten Torpedo-Windschutz....“ hinter den Vordersitzen ordern. Die Vorzüge des zuletzt genannten Features entdeckten Cabriofahrer in jüngster Vergangenheit unter dem Namen „Windschott“ neu.

Opel ist mächtig stolz auf die neue Torpedo-Form und bringt neben den üblichen Verkaufsprospekten ein Faltblatt heraus, das die Vorzüge eingehend beschreibt: „.... Meine Carrosserien sind das Beste, was auf dem Weltmarkt hergestellt wird. Sie werden nach Entwürfen namhafter Künstler und Architekten von Grund auf in meinen eigenen, fortwährend der Erweiterung bedürftigen Carrosserie-Werkstätten hergestellt, die z.Z. 850 Arbeiter beschäftigen … Die original-Opel-Carrosserien verbinden mit der behaglichen, gediegenen Ausstattung vornehme, von modernem Geschmack geleitete Formen, sie bieten dem Auge das Schönste und dem Insassen das Angenehmste, was in dieser Hinsicht geboten werden kann … Ich hoffe, daß auch diese sich den Beifall der automobilistischen Welt erringen mögen …“ Wem diese Beschreibungen zu pathetisch erscheinen, der sei auf die Tatsache verwiesen, dass die 6/16 PS-Modellreihe nahezu unverändert bis 1920 erfolgreich im Verkaufsprogramm bleibt.

Mit der aufstrebenden Motorwagen-Industrie beginnt auch für die Stahlhersteller eine Blütezeit.

5/12 PS „Huxel“ 1912

Aus alt mach’ neu

1949 sorgt Opel mit einer vielbeachteten Werbeaktion für Furore. Den Mitte des Jahres produzierten 100 000sten Olympia soll derjenige bekommen, der den ältesten Opel-Personenwagen im alltäglichen Gebrauch hat. Ein rheinhessischer Winzer gewinnt die „Opel-Suchaktion“ und tauscht hocherfreut seinen betagten 5/12 PS anno 1912 gegen das Jubiläumsmodell ein. Nach den ersten Ausfahrten in die Hanglagen der Weinberge muss der Winzer jedoch feststellen, dass der neue Olympia für seine Einsatzzwecke völlig ungeeignet ist…

Opel startet die große Suchaktion mit einer großangelegten Werbekampagne.

Der 100 000ste 1,5 Liter Olympia wird dem Eigentümer des ältesten Opel-Personenwagen gegen Rückgabe seines Fahrzeuges kostenlos zur Verfügung gestellt. Der Wagen muss folgende Bedingungen erfüllen:
1. Am 8. Juni 1949 nachweislich in den drei westlichen Besatzungszonen oder den drei westlichen Sektoren von Berlin zum Verkehr zugelassen sein.
2. Den original Motor und das original Fahrgestell aufweisen.
3. Motor- und Fahrgestell-Nummer dürfen nicht verändert sein.
4. Das Fahrzeug muss die original Karosserie aufweisen.

Der Winzer Fritz Huxel aus dem rheinhessischen Westhofen fährt mit einem Opel-Motorwagen 5/12 PS, Baujahr 1912, fast täglich durch seinen Heimatort. Abstecher in seine Weinberge gehören ebenfalls zum alltäglichen Repertoire, die der 5/12 PS klaglos meistert. Zur jährlichen Weinlese koppelt Winzer Huxel einen riesigen Anhänger an das flache Heck und zieht beachtliche Mengen der handgelesenen Trauben aus dem Wingert zur heimischen Kelteranlage. Dass die Transportwege durch die Weinberge meist tief ausgefahrene Spurrinnen, Schlammpassagen oder Steilstrecken aufweisen, stört weder Fahrer noch Fahrzeug. Zwar kann der 5/12 PS keinen Allradantrieb vorweisen, seine gelän-

despezifischen Daten erinnern jedoch an Off Road-Fahrzeuge der ersten Generation: Üppige Bodenfreiheit durch große Räder, kurze Karosserieüberhänge vorn und hinten, geringer Radstand, blattgefederte Starrachsen mit passabler Verschränkung...

Tatsächlich gewinnt Fritz Huxel die Opel-Suchaktion und sogar die zu jedem Kinoprogramm gehörende, obligatorische „FOX Tönende Wochenschau", gewissermaßen der Tagesschau-Vorläufer im Deutschland der Vor-Fernsehzeit, berichtet über den Winzer. Mit einer feierlichen Zeremonie im Rheingau wird am 23. September 1949 der Fahrzeugtausch gefeiert. Der 5/12 PS

wandert in den firmeneigenen Oldtimer-Fundus, Huxel übernimmt den Olympia. Das fünfgängige Festmahl hat Opel ganz der eigenen Modellhistorie gewidmet: Einem „Laubfrosch-Pastetchen" folgt „Super-Kraftstoff" in Tassen mit „Puppchen-Eierstich", der dritte Gang bietet „Admiral-Butt", gekocht mit „1,2 Ltr. Sauce", und „Kadett-Kartoffeln". Danach kommt ein „P 4-Rücken" mit „Rahmen-Tunke", „Doktorbeeren", „Regent-Kartoffeln" und „4 PS-Salat" auf den Tisch, zum Abschluss gibt es eine „Olympia-Bombe" und „Kapitän-Mokka".

Zurück im heimischen Weingut freut sich Fritz Huxel zunächst über den hochkomfortablen Olympia. Besorgungs- und Kundenfahrten gestalten sich jetzt wesentlich angenehmer und schneller. Der Motor startet prompt durch einen beherzten Tritt auf das Anlasserpedal und muss nicht mehr mühsam angekurbelt werden, Regen und Kälte bleiben im Gegensatz zum offenen 5/12 PS draußen.

Fahrbahnunebenheiten hält das moderne, hydraulisch gedämpfte und vorn schraubengefederte Fahrwerk weitgehend von den Insassen fern. Das Glück scheint perfekt, bis die erste Ausfahrt in den hauseigenen Liebfrau-

enberg ansteht. Mit lautem Rumpeln setzt der Olympia mehrmals auf, die tief ausgefahrenen Spurrinnen bewältigt das Fahrzeug nur mit Mühe. Fritz Huxel dämmert langsam aber sicher, dass sein neuer Untersatz sich nur dann als fahrbar erweist, wenn er halbwegs vernünftige Straßen und Wege unter den Rädern hat. Dabei ist diese erste Prüfung eher harmlos. „Wie soll denn der Olympia die Früchte der nächsten Weinlese einfahren?", fragt sich Huxel zu recht. Er wendet sich an die Rüsselsheimer, erklärt seine Probleme und seinen Wunsch: der alte Wagen muss zurück. Selbst die Rückgabe des Olympia würde er akzeptieren. Dazu kommt es jedoch nicht. Nach eingehender Prüfung in der Chefetage kommt es zu einer guten Lösung: Huxel darf den Olympia behalten und bekommt auf Lebenszeit seinen 5/12 PS zurück. Den nutzt er noch bis in die sechziger Jahre für seine Weinberg-Exkursionen und widmet seinem „Alten Fritz", wie der Wagen fortan heißt, sogar ein eigenes Weinetikett.

So gern Fritz Huxel mit dem modernen Olympia durch seine Heimat Rheinhessen kurvte, reifte in ihm doch die Erkenntnis, dass es sich mit Automobilen so verhalten muss wie mit gutem Wein: Je älter, je besser.

Continental

Technische Meisterleistung

Vor dem Ersten Weltkrieg entwickelt Opel eine neue Rennwagen-Generation für den ausstehenden Grand Prix de France, einem Vorläufer der heutigen Formel 1-Rennen. Die Renner sind konsequent auf Leichtbau getrimmt und verfügen mit einem Vierzylinder-16-Ventil-Motor über modernste Antriebstechnik.

Gern gesehen: Rennwagen und Motor überzeugen durch ästhetische Technik.

Das Fahrverhalten der Grand Prix-Renner ist immer für eine Überraschung gut, saubere Kurvenfahrten, wie hier gezeigt, sind eher selten.

1913 ist Opel zu einem der erfolgreichsten Rennställe in Europa aufgestiegen. Zahlreiche Siege und vordere Platzierungen bei Kurz- und Langstreckenrennen, Bergprüfungen oder Sprintmeetings gegen nationale und internationale Konkurrenz steigern den Bekanntheitsgrad in ganz Europa. Opel investiert besonders in die Entwicklung neuer Triebwerke, da leistungsfähige Motoren nach wie vor Grundvoraussetzung für ein weiter erfolgreiches Rennsport-Engagement sind. Zum Saison-Höhepunkt auf der europäischen Motorsport-Bühne, dem Großen Preis von Frankreich in Amiens, legen die Rüsselsheimer mit dem Bau eines Vierzylinder-Triebwerkes mit Vierventiltechnik den Grundstein für eine revolutionäre Motorentechnik.

Je zwei Ein- und Auslassventile beatmen die Zylinder des Grand Prix-Motors, die Betätigung erfolgt über eine obenliegende Nockenwelle und Kipphebel. Für den Antrieb sorgt eine üppig dimensionierte Königswelle. Das extrem langhubig ausgelegte Triebwerk mit einem Hubraum von 3 970 cm^3 leistet 110 PS und beschleunigt den rund 1 000 Kilogramm leichten Renner auf 170 km/h. Bei der Zündanlage vertrauen die Konstrukteure auf einen „Hochspannungs-Magnet-Apparat", der sich seitlich auf dem Kurbelgehäuse befindet und den ein im Ölbad laufendes Zahnrad antreibt. Die für

Begnadete Ingenieurleistung: Vierzylinder-Motor mit sechzehn V-förmig hängenden Ventilen und obenliegender Nockenwelle mit Königswellenantrieb.

Längere Vollgas-Passagen durcheilt der 110 PS starke 16-Ventiler mit Tempo 150. Dabei ist Voraussicht gefragt, denn Bremsmanöver enden bei diesem Tempo jenseits der 200 Meter-Marke.

die Zündfunken erforderliche Hochspannung transformiert eine Zündspule, die Zündverteilung übernimmt ein Schleifkontakt. Da es sich bei dieser Zündanlage um ein besonders gegen Nässe empfindliches Teil handelt, kann der Fahrer den kompletten Magnet-Apparat mit einer Schraube abmontieren. Eine Kupplungsklaue erleichtert die Montage und macht das Neueinstellen der Zündung überflüssig. Das geringe „Kampfgewicht" verdankt der Grand Prix-Wagen unter anderem einer sehr leichten Karosserie, die aus Holz und Leichtmetall besteht. Auch die Radaufhängung verdient erstmals das Prädikat „Fahrwerk" in heutigem Sinne: An 3/4-elliptischen Blattfedern hängen die nach wie vor starren Achsen, erstmals halten „Reibungsstoßdämpfer" deren Bocksprünge auf welligem Untergrund halbwegs im Zaum.

Alles beim Alten: Wie heutzutage gehört der Drehzahlmesser zum wichtigsten Anzeigeinstrument im Rennwagen.

Der erste Renneinsatz im nordfranzösischen Amiens mit dem legendären Werksfahrer Carl Jörns am Steuer verläuft jedoch wenig erfolgreich: Technische Probleme werfen den erfahrenen und sieggewohnten Piloten weit zurück, zusätzlich zertrümmert ein aufgewirbelter Stein den Kühler und die letzten Hoffnungen auf ein respektables Ergebnis.

Im darauffolgenden Jahr 1914 muss der Opel-Rennstall den modernen Rennwagen einem neuen Reglement anpassen. Für den Grand Prix im französischen Lyon ist die neugeschaffene 4,5 Liter-Formel maßgebend. Eine auf 94 Millimeter erweiterte Bohrung und die Anhebung des Hubs auf 160 Millimeter ergeben 4 441 cm^3. Die Leistung steigt durch die Umbaumaßnahmen auf stolze 120 PS, das Gewicht verringert sich nochmals um gut einen Zentner auf 940 Kilogramm. Opel meldet gleich drei Fahrzeuge, die Carl Jörns, Emil Erndtmann und Franz Breckheimer pilotieren. Erndtmann und Breckheimer scheiden in der zwölften Runde durch Unfall und technischen Defekt aus, Carl Jörns erringt nach anfänglichen Problemen und einer grandiosen Aufholjagd noch den zehnten Platz. Diese Scharte will Opel im August auf der englischen Brooklands-Rennbahn auswetzen, zu einer Revanche kommt es jedoch nicht mehr. Das deutsche Kaiserreich macht gegen England mobil. Die bereits angereiste Opel-Mannschaft muss Hals über Kopf fliehen, die wertvollen Rennwagen werden als Feindeigentum beschlagnahmt und verbleiben auf der Insel.

OPEL
74

Kolossale Entwicklung

1914 entsteht in den Rüsselsheimer Werkshallen das gewaltigste Fahrzeug der Unternehmensgeschichte. Der 12,3 Liter-Renn- und Rekordwagen basiert technisch auf den Grand Prix-Wagen von 1913 und verfügt ebenfalls über die fortschrittliche Vierventil-Technik. Die Urgewalt des 260 PS starken Hubraum-Monsters entfesselt Werkspilot Carl Jörns mit Vorliebe bei Strandrennen auf der dänischen Insel Fanø. Dann haben selbst renommierte Rennfahrer, wie der spätere Geschwindigkeitsweltrekordler Malcolm Campbell, das Nachsehen.

Das ist die Höhe: Durch die enorme Größe des Vierzylinders ragen die Ventilfedern über die Motorhaube hinaus.

Was könnte dieses PS-Monstrum besser charakterisieren als ein Zitat von Carl Jörns, unerschrockener Opel-Werkspilot im ersten Viertel dieses Jahrhunderts und einer der erfolgreichsten deutschen Rennfahrer überhaupt. Eine Hassliebe verband den Menschen Jörns mit der Maschine Rennwagen: Er liebte diesen Boliden, weil er mit ihm die meisten Siege erringen konnte. Und er hasste ihn, weil ihm das Ungetüm zum wiederholten Male seine Grenzen als Rennfahrer zeigte, wie er viele Jahre später mit den Worten bekannte: „Der Wagen muß wohl 250 Stundenkilometer schnell sein, ganz ausgefahren habe ich ihn nie..."

Dass dieser Rennwagen von seinem Fahrer den höchsten Respekt verlangt, verdeutlichen allein die Grunddaten des Motors. Üblicherweise erfolgen diese Angaben in Millimetern, doch hier sei die Maßangabe in Metern erlaubt: Einen achtel Meter messen die Zylinder im Durchmesser. Die Kolben legen bei einem Hub von einem viertel Meter pro Umdrehung der Kurbelwelle einen halben Meter zurück. Zusammengerechnet ergeben diese Daten einen Hubraum von 12,3 Litern, verteilt auf vier Zylinder. Insgesamt beatmen 16 Ventile die Brennräume des gewaltigen Bauwerkes, eine obenliegende Nockenwelle mit Königswellenantrieb sorgt im Zusammenspiel mit der Kipphebelwelle für taktgenaue Bewegungen. Diese Konstruktion ist im wahrsten Sinne des Wortes herausragend: Bedingt durch die enorme Bauhöhe des Triebwerkes strecken die Ventile ihre Federn durch 16 sauber ausgeschnittene Löcher ins Freie. Die Spritversorgung übernimmt ein Steigstromvergaser, zur punktgenauen Sprengung des verdichteten Gasgemisches in den Brennräumen setzten die Konstrukteure zwei Zündkerzen pro Zylinder ein, die eine Bosch-Doppel-Zündung mit Spannung versorgte. Eine solche Motorkonstruktion schließt wegen der zu erwartenden, astronomischen Kolbengeschwindigkeiten höhere Drehzahlen aus. Der Dampfhammer begnügt sich folgerichtig mit einer Höchstdrehzahl von 2 900 U/min. Trotz dieser eher bescheidenen Tourenzahl toben die Kolben mit

Immer im Blick: Ob die Ventile taktgemäß arbeiten, überprüft der Fahrer per Sichtkontrolle.

OPEL

satten 24 Metern pro Sekunde (86 km/h) durch die Brennräume und erreichen damit das Niveau heutiger Formel 1-Motoren.

Einen feinfühligen Piloten vorausgesetzt, der die Handhabung der Zünd- und Gemischhebel innerhalb des Lenkradkranzes perfekt beherrscht, leistet der grüne Renner 260 PS. Drehmoment-Werte sind leider nicht überliefert, dürften jedoch in jenem Bereich angesiedelt sein, der einem Pkw-Antriebsstrang heutiger Bauart die Kardanwelle und/oder das Differential zerbröselt. Vorausgesetzt, das Getriebe würde der Kraftattacke standhalten. Deshalb hat diese Baugruppe beim Rennwagen anno 1914 Lkw-Format.

Durch den europaweiten Flächenbrand des Ersten Weltkrieges und den folgenden Wirren rollt das Fahrzeug erst in den zwanziger Jahren zu seinen ersten Renneinsätzen. Wiederholt beweist Werkspilot Carl Jörns, dass der knapp 10 Jahre alte Bolide äußerst konkurrenzfähig geblieben ist, beispielsweise am Strand der dänischen Insel Fanø.

Hier sind zwei Dinge gefragt: Erstens muss der Pilot ein ausgezeichnetes Gespür sowohl für die Geschwindigkeit als auch das Fahrzeug haben und geringste Abweichungen von der schnurgeraden Sandpiste sofort korrigieren. Denn Abflüge bei Tempo 200 verlaufen zu jener Zeit mit Sicherheit tödlich. Zweitens muss der fahrbare Untersatz möglichst viel Kraft haben. Die Opel-Erfolge am dänischen Strand beweisen, dass Carl Jörns und der Rekordwagen aus Rüsselsheim beide Voraussetzungen optimal erfüllen. Sein schärfster Konkurrent in jenen Tagen: Captain Malcolm Campbell, der übrigens als erster Mensch 1932 die 400 km/h-Mauer durchbricht. Carl Jörns gewinnt 1922, erreicht 1923 den zweiten Platz und geht 1924 wiederum als Sieger durchs Ziel.

12,3 Liter Hubraum und 260 PS erfordern einen behutsamen Umgang mit dem Gaspedal oder Gemischhebel. Ansonsten endet die Kurvenfahrt mit dem Heck voran.

28
28

8/25 PS „Spitzkühler" 1916 - 1922

Über alle Berge

Bergrennen gehören im ersten Viertel des Jahrhunderts zu den renommiertesten Motorsport-Veranstaltungen in Europa. Opel feiert bei diesen selektiven Prüfungen große Erfolge, gewinnt bedeutende Meetings gegen stärkste internationale Konkurrenz in Frankreich, Österreich und der Schweiz. Neben reinrassigen Rennwagen setzt der Rüsselsheimer Rennstall auch serienmäßige Tourenwagen, wie die formvollendeten „Spitzkühler"-Modelle, ein.

Das Bergrennen auf den Schweizer Klausenpass bestreitet Opel 1923 mit einem „Tourenwagen". 23 Minuten und 15 Sekunden dauert der Sprint auf 1948 Meter.

Wenn der Berg ruft, gehören Gemisch- und Zündhebel zu den wichtigsten Einrichtungen.

Der Sprint auf die Passhöhe erfordert von Pilot und Copilot Mut, Risikobereitschaft und Ignoranz – gegenüber den meteorologischen Rahmenbedingungen.

Der Bergrennsport hat bei Opel bereits in den zwanziger Jahren eine lange Tradition. Den ersten Erfolg können die Rüsselsheimer 1901 feiern: Am 31. März gewinnt Heinrich Opel mit seinem Patentmotorwagen „System Lutzmann“ den Sprint auf den Königsstuhl nahe Heidelberg. Für den 7,5 Kilometer langen Aufstieg benötigt der Sohn des Firmengründers Adam Opel 17 Minuten und 20 Sekunden und erreicht die damals beachtliche Durchschnittsgeschwindigkeit von knapp 26 km/h. Dieser Sieg kommt einer Initialzündung in Sachen Motorsport gleich. In den Folgejahren erklettern sich die Motorwagen vom Main einen Sieg nach dem anderen und gehören zu den erfolgreichsten Gipfelstürmern in Europa. In Frankreich räumen Werksfahrer Carl Jörns und seine Mitstreiter erste Preise bei Sprints auf den Mont Ventoux und bei der Turbie zwischen Nizza und Monte Carlo ab, die Bergpassagen bei Nancy, Gaillon und Chateau Thierry gehören ebenfalls zum bevorzugten Terrain der Rüsselsheimer. Großartige Erfolge gibt es auch bei den Bergfahrten in der Prager Umgebung und am Semmering nahe Wien. In den Schweizer Bergen verweisen die Opel-

Wagen sowohl beim Internationalen Bergrennen auf den Jurapass als auch bei der Wettfahrt auf der Bergstraße Adliswil-Albishöhe die Konkurrenten auf die Plätze. 1922 veranstaltet der Schweizer Automobilclub als Ersatz für die Bergrennen Adliswil-Albishöhe das erste von zehn Klausenpassrennen. Opel ist 1923 das erste Mal mit von der Partie, Carl Jörns steuert einen Tourenwagen auf die Passhöhe. Das Modell gleicht dem hier am Originalschauplatz gezeigten Motorwagen 8/25 PS mit formvollendeter „Spitzkühler"-Karosserie. Dieser Spitzname basiert auf der spitz zulaufenden Front des Vierzylinders, der bei 1600 Touren 25 PS mobilisiert. Die Höchstgeschwindigkeit des offenen Viersitzers beträgt 65 km/h, jedoch hat dieser Wert beim Sprint auf die Passhöhe eher theoretischen Wert, denn die Fahrbahn steigt durchschnittlich um 6,2 Prozent an.

Der Start der Klausenrennen liegt in der Gemeinde Linthal auf 622 Meter Höhe, das Ziel kurz vor der Passhöhe auf 1948 Meter. Die mit Schlaglöchern übersäte Schotterpiste fordert Mensch und Material das Äußerste ab. Immerhin erstreckt sich die Passstraße über eine Länge von 21,5 Kilometer, beinhaltet eine Vollgas-Passage auf dem vergleichsweise topfebenen Streckenabschnitt Urnerboden und unzählige Serpentinen. Höhendifferenz der Kletter-(Tor-)Tour: 1326 Meter. Neben dem fahrerischen Können fordert die Strecke dem Fahrer und Beifahrer auch eine gehörige Portion Mut ab. Selten schirmen Begrenzungssteine und

Grubenlampe: Lichtstarke Bosch-Scheinwerfer nehmen finsteren Tunnelpassagen den Schrecken.

Metallgeländer die Piste ab. Meistens droht einerseits eine senkrechte Felswand, andererseits der gähnende Abgrund. Wer hier nach einem Fahrfehler einen Abflug provoziert, kann sich glücklich schätzen, wenn das erstgenannte Hindernis den unkontrollierten Vorwärtsdrang beendet. Zusätzlich behindert das herbstliche Wetter die Teilnehmer. Allzuoft entladen sich Gewitter mit heftigen Regengüssen und verwandeln den Staubbelag auf einigen Streckenab-

Völlig normal: Das außenliegende Kühlwasserthermometer im direkten Blickfeld der Piloten.

schnitten in eine schmierige Rutschbahn. Diese Bedingungen herrschen auch 1923, als sich Jörns zum Bergsprint aufmacht. Trotz der widrigen Bedingungen benötigt der beherzte Rüsselsheimer nur 23 Minuten und 15 Sekunden für die Jagd über die legendären Streckenabschnitte wie Urnerboden, Klus und Vorfrutt – das Durchschnittstempo liegt bei beachtlichen 56 km/h. Das bringt ihm den vierten Platz in seiner Klasse ein. 1926 erzielt der Privatfahrer A. Zimber in der Kategorie Tourenwagen bis 1 100 cm³ die schnellste Zeit. Diesen Erfolg wiederholte im darauffolgenden Jahr Dr. H. U. Kerwer aus Bonn, einer der erfolgreichsten Opel-Privatfahrer in den zwanziger und dreißiger Jahren.

VS-1363

Rot, rassig, rar: Das Erscheinungsbild erinnert eher an ein filigranes Fahrrad. Doch auf der Bahn entwickelt das Wesen ungeahntes Temperament.

Bahnrennmaschine 1922

Der Renner in Rot

Recht früh schon verschreiben sich die fünf Opel-Brüder dem Automobilrennsport. Und in der Tat ist der Name Opel in diesen Pioniertagen bei Veranstaltungen landauf, landab vertreten; dabei nicht selten siegreich. Als unmittelbar nach dem Ersten Weltkrieg in Rüsselsheim die Produktion von Serien-Motorrädern wieder aufgenommen wird, entwickelt man zugleich eine Rennmaschine speziell für schnelle Zementbahnen. Zwar werden nur zwei Exemplare gebaut, doch deren Technik ist für die damalige Zeit visionär.

Der Motor mit 198
Kubikzentimeter
Hubraum leistet 5,5 PS.
Doch die Ausstattung
ist extrem spartanisch.
Die Bahnrennmaschine
verfügt weder über
Bremsen noch Federung,
hat weder Getriebe
noch Kupplung.

Schraube, Liebe, Hoffnung: Eine solch mustergültig bestückte Werkstatt ist ein Traum für jeden Mechaniker.

Es ist ein bekanntes Bild bei Autorennen nach der Wende vom 19. zum 20. Jahrhundert: Opel-Wagen fahren voran, am Steuer Fritz von Opel. Am Streckenrand steht, ebenso regelmäßig, der Sohn seines Bruders Wilhelm, ebenfalls mit Namen Fritz. Es besteht kein Zweifel: Der junge Fritz wird die Rennsportbegeisterung weitertragen. Nach der Zwangspause des Ersten Weltkriegs stürzt sich der mittlerweile 20-Jährige in das neue Abenteuer der Fahrrad-, Motorrad- und Automobilrennen. Als er in den zwanziger Jahren tollkühne Versuche mit raketengetriebenen Konstruktionen unternimmt, hat er seinen Alias-Namen weg: „Raketen-Fritz".

Aber er lässt sich nicht nur antreiben, er treibt selbst an. So wird ihm ein ganz wesentlicher Einfluss auf die Konstruktion eines Rennmotorrads zugeschrieben, der Bahnrennmaschine von 1922. Dabei sind die Umstände im Nachkriegs-Deutschland alles andere als Rennsportfreundlich: Es gibt kaum Kraftstoff, und wenn, dann ist er nicht unbedingt sauber. Wer Glück hat, kann in einer Apotheke ein paar Liter Benzol kaufen. Umso mehr steigt das Interesse am Bahnrennsport, schnelle, publikumswirksame Rundstreckenrennen auf eigens dafür präparierten Ovalen. Zunächst testet der junge Fritz von Opel auf der hauseigenen Rüsselsheimer Opel-Bahn das serienmäßige „Motorfahrrad“, eine luftgekühlte Einzylinder-Viertaktmaschine mit 140 Kubikzentimeter. Fazit: zuverlässig, aber mit ihren 1,1 PS und 40 km/h viel zu schwach und zu langsam für die Zementbahn. Von der Firmenleitung kommt das Ja für eine Rennsportversion. Im Frühsommer 1921 machen sich die Konstrukteure an die Arbeit. Am 2. Juli 1922 geht das Ergebnis auf der Opel-Rennbahn auf Jungfernfahrt. Die Ingenieure an der Strecke, die fast 100 km/h messen, strahlen.

Hebel-Gesetze: Alles muss der Fahrer mit der Hand machen, wie Gas- und Gemischregulierung am rechten Lenker.

Manches an der Bahnrennmaschine entstammt bewährten Beständen, doch vieles ist absolut neu. So spektakulär wie spartanisch ist die Ausstattung: Die Neukonstruktion verfügt weder über Getriebe oder Kupplung noch über Federung oder gar Bremsen. Das spart erheblich Gewicht, die Maschine bringt leer lediglich 69,5 Kilogramm auf die Waage. Der Renner für die Bahn ist von visionärer Beschaffenheit: Der wassergekühlte Einzylinder-Viertaktmotor mit 198 Kubikzentimeter Hubraum und 5,5 PS Leistung besitzt, eine technische Rarität in dieser Zeit, vier Ventile. Sie werden von nur einer untenliegenden Nockenwelle über Stößelstangen, Kipphebel und eine Traverse betätigt. Zylinder, Kolben und Kurbelgehäuse sind aus Magnesium. Der Antrieb verläuft über Primär- und Sekundärkette. Das Fahrwerk besteht aus einem Einschleifenrohrrahmen und einer Renngabel, die vor allem deshalb verstärkt wird, um die hohen Fliehkräfte beim Durchfahren von Steilwänden aufzunehmen.

Der Kraftstofftank hängt zwischen den beiden oberen Querrohren des Rahmens, der Öltank sitzt darüber, quer zur Fahrtrichtung. Der Fahrer muss den Motor per Handpumpe mit Öl versorgen. Nicht genug damit: Am linken Lenkerende befinden sich Dekompression- und Zündregulierhebel, rechts sind Gas- und Gemischregulierhebel platziert. Einen Drehgasgriff gibt es ebensowenig wie einen Brems- oder Kupplungshebel. Das Magnesium-Kurbelgehäuse ist aus einem Guss. Um die Kurbelwelle einbauen zu können, muss sie in Einzelteilen durch eine Öffnung in das Gehäuse eingeführt und im Innern zusammengesetzt werden, ähnlich wie beim Bau eines Buddelschiffs. Auch die Schwungscheibe muss aus Platzgründen außerhalb des Kurbelgehäuses angebracht werden.

Dass diese ausgefallene Spezialkonstruktion dennoch wie maßgeschneidert ist für den Rennsport, beweist sie bald. Am 24. September 1922 gewinnt der junge Fritz von Opel in Nürnberg die bayerische Meisterschaft in der 250er-Klasse. Das reicht ihm noch nicht, und er geht auch in der 350er-Klasse an den Start. Er kommt auf einen sensationellen dritten Platz. Als Krönung meldet er sich auch noch für die Klasse mit unbegrenztem Hubraum. Er liegt an vierter Stelle, als das Rennen wegen strömenden Regens abgebrochen wird. Der Ruhm ist ihm dennoch sicher.

Die bemerkenswerten technischen Lösungen an der Bahnrennmaschine würden ideale Test-Möglichkeiten für Anwendungen in der Serien-Motorradfertigung eröffnen. Auch die Zeiten scheinen günstig, auf den Bahnen in Berlin, Düsseldorf oder Dresden herrscht reger Rennbetrieb. Die Motorradindustrie fördert den Sport nach Kräften, ist er doch die geeignete Plattform zur Werbung. Und die haben die Hersteller nötig. Denn in Deutschland gibt es in der ersten Hälfte der zwanziger Jahre nicht weniger als 120 Motorradhersteller. Die Opel-Geschäftsleitung gibt vorerst aber dem Automobil den Vorrang; insofern als die Produktionsflächen für die beginnende Pkw-Fließbandfertigung benötigt werden.

Dass das außerordentlich elegante, filigran anmutende Motorrad die Zeiten überdauert hat, ist dem Opel-Ingenieur Jürgen Nöll zu verdanken, der die Bahnrennmaschine 1988 entdeckt. Bereits 20 Motorräder hat er originalgetreu restauriert. Das alte Opel-Stück, das er vor sich sieht, ist ein Unikat, da das andere Exemplar unauffindbar bleibt. Zwar scheint der Anblick zunächst wenig attraktiv, doch Nöll weiß auf Anhieb: „Aus der kann man wieder etwas machen“. Und er hat Recht behalten, wie wir sehen.

Erfolgsdaten des Jahres 1922: Rote Farbe, 69,5 Kilogramm Gewicht, fast 100 km/h schnell.

4/12 PS „Laubfrosch“ 1924 - 1926

Grüne Welle

Motorsport-Wochenende auf der Opel-Bahn Schönauer Hof südlich von Rüsselsheim, 1924: Neben den Rennen erregt eine Autopräsentation die Aufmerksamkeit der Zuschauermassen. Zahlreiche 4/12 PS „Laubfrösche“ drehen gemächlich ihre Runden und demonstrieren so die Leistungsfähigkeit der neuen, kürzlich eingeweihten Fertigungsanlagen. Opel hatte als erster deutscher Hersteller das Fließband eingeführt und die täglichen Produktionszahlen – gemessen an der herkömmlichen Einzelanfertigung – in schwindelerregende Höhen getrieben. 30 Fahrzeuge verlassen täglich die Werkshallen, bis Ende des Jahres steigt die Zahl sogar auf 100 Exemplare pro Tag an.

Gestern und heute: „Laubfrösche“ auf der historischen Opel-Rennbahn.

Nachgerüstet: Seitenwinker mit Bowdenzug-Betätigung am Armaturenbrett, geflügeltes Kühlwasser-Thermometer.

Glubschäugige Scheinwerfer, Kotflügel wie Froschschenkel, grasgrüner Lack und ein sprunghaftes Fahrverhalten führen zum Spitznamen „Laubfrosch".

Der Laubfrosch-Korso auf der Opel-Bahn markiert einen entscheidenden Wendepunkt in der Entwicklung des Unternehmens. Während Weltwirtschaftskrise, Inflation und die meist auf Luxuswagen fixierte Modellpalette einem Großteil der deutschen Automobilhersteller den Garaus machen, geht Opel sogar gestärkt aus der Krise heraus. Den Grundstein für das Überleben legten die Opel-Brüder bereits Anfang der zwanziger Jahre. Eine Informationsreise in das amerikanische Auto-Mekka Detroit bestärkt Fritz und Wilhelm Opel in ihrer Auffassung, dass der Weg der zeit- und kostenintensiven Manufaktur mit handgefertigten Einzelstücken in der Sackgasse enden muss. Die Produktionsmethoden im Werk von Henry Ford haben es den Rüsselsheimern besonders angetan. Hier entstehen Autos in riesigen Stückzahlen in einem fortlaufenden Prozess, modernste Werkzeugmaschinen erledigen Arbeiten in Minuten, die im Rüsselsheimer Werk Stunden dauern. Für die Opel-Brüder steht die Entscheidung schnell fest: Die heimischen Fertigungsanlagen müssen nach diesen modernen Methoden umgebaut werden. Zunächst erneuern

Märchenhaft: Junggebliebene Laubfrösche, Baujahr 1924, auf der verwunschenen Opel Rennbahn, Baujahr 1919.

sie den gesamten Maschinenpark und stoppen 1923 die Produktion, um sich völlig auf die Umstrukturierung des Werkes zu konzentrieren.

Das Vorhaben ist zwar gut geplant, aber trotzdem ein erhebliches Risiko. Die gesamte, bisherige Modellpalette wird eingestellt, alte Fertigungsanlagen demontiert und auf die neue Fließbandmethode eingestellt. Ein spezielles Problem kommt auf die Konstruktionsabteilung zu. Sie soll einen völlig neuen Kleinwagen entwerfen, der robust, modern und zuverlässig ist und kostengünstig auf den komplett neuen Produktionsanlagen gebaut werden kann. Diese Tatsache zwingt die Ingenieure zum Umdenken. Bislang entwickelten sie Motorwagen und machten sich bei ihrer Arbeit relativ wenig Gedanken, wie das Modell später gebaut werden kann. Bei der Fließbandfertigung müssen sie schon in der Entwicklungsphase die Erfordernisse der Produktion berücksichtigen. Das Resultat dieser Premierenarbeit stellt schließlich alles auf den Kopf, was die Kundschaft bislang von der deutschen Automobilindustrie gewöhnt war. Nach einer kurzen Eingewöhnungszeit, in der das ausschließlich in grün lieferbare Modell 4/12 PS den Beinamen „Laubfrosch" bekommt und hauptsächlich von der Konkurrenz mit Spott überhäuft wird, schießen die Verkaufszahlen nach oben. Dem grünen Hüpfer kommt neben seiner überzeugenden Technik auch das Ende der Inflation mit der Einführung der Rentenmark entgegen. Die Wirtschaft stabilisiert sich, der Automobilmarkt kommt wieder in Schwung. Zusätzlich nutzen die Rüsselsheimer den Rationalisierungseffekt. Die steigenden Stückzahlen reduzieren die Produktionskosten, der Preis des Laubfrosch sinkt binnen Jahresfrist von 4 500 auf 4 000 Mark, 1926 sind nur noch 2 950 Mark für das zweisitzige Grundmodell fällig. Opel erweist sich mit dem modernen Automobilwerk als unschlagbar und steigt in der Folgezeit zum größten deutschen Hersteller auf. Bis 1928 klettert der Marktanteil auf 37,5 Prozent, den Spöttern ist das Lachen längst im Halse stecken geblieben.

Auch wenn das äußere Erscheinungsbild den Zeitgenossen etwas skurril erscheint, der 4/12 PS „Laubfrosch“ ist ein vollwertiges Automobil und verfügt über modernste Fahrzeugtechnik. Vor allem der Antriebsstrang weist konstruktive Merkmale auf, die zum Teil noch heute Gültigkeit haben. Der Vierzylinder-Reihenmotor hat erstmals einen abnehmbaren Zylinderkopf, was Reparaturarbeiten wesentlich vereinfacht. Allerdings erscheint die Materialauswahl angesichts heutiger Gepflogenheiten merkwürdig: Der Kopf besteht aus Grauguss, das Kurbelgehäuse aus Aluminium – bei aktuellen Motoren ist das genau umgekehrt. Die Schmierstoffversorgung übernimmt eine Kapselpumpe, die das Motoröl nach dem Druckumlaufsystem zu den Lagern befördert. Einfach, aber effektiv konstruierten die Ingenieure die Gemischaufbereitung. Der Tank liegt zwischen Motorhaube und Frontscheibe über dem Niveau des Fallstromvergasers, die Schwerkraft hält den Spritfluss aufrecht. Ein elektrischer Anlasser startet den Motor auf Knopfdruck, angesichts der wenig zuverlässigen Batterien ragt aber nach wie vor eine Anlasskurbel aus dem vorderen Querträger. Bei einem Hubvolumen von 951 cm^3 leistet der Motor zwischen 12 und 14 PS und beschleunigt den 570 Kilogramm leichten Laubfrosch auf 60 km/h. Erfreulich günstig der Spritkonsum: Im Durchschnitt fließen fünf Liter Benzin je hundert Kilometer aus dem Spritbunker Richtung Vergaser.

Individualverkehr: Der Drang zum unverwechselbaren Großserienmodell mit persönlicher Note besteht seit 1924.

Einen völlig neuen Weg schlägt die Kraftübertragung ein. Bislang waren Motor und Getriebe streng getrennte Bauteile, eine Welle übermittelte die Kraft des Triebwerks über die Lederkonuskupplung auf die in der Wagenmitte liegende Schaltbox. Beim Laubfrosch sind Motor und Getriebe erstmals miteinander verblockt, die Kraftübertragung übernimmt eine hochmoderne Einscheiben-Trockenkupplung. Ein Nebeneffekt dieser Bauweise kommt vor allem dem Bedienkomfort zugute. Die Kugelschaltung liegt nun in der Fahrzeugmitte und erlaubt beim 4/12 PS kurze, knackige Schaltwege. Vorbei sind die Zeiten, da der Fahrer die Gänge mit einem Außenbordhebel in einer offenen Kulisse sortieren musste.

Die bequeme, offene Karosserie bietet zwei Personen auf einer ledergepolsterten Sitzbank ausreichend Platz und ist absolut langstreckentauglich. Ein Klappverdeck schottet auf Wunsch den Innenraum ab, bei heftigeren Regengüssen oder schneidender Kälte sorgen zusätzlich Verdeck-Seitenteile für einen akzeptablen Wetterschutz. Das starrachsige Fahrwerk mit weichen, viertelelliptischen Federpaketen kompensiert normale Fahrbahnunebenheiten, erst gröbere Schlaglöcher können die Insassen erschüttern. Dabei erweisen sich die Stahlscheibenräder als eine äußerst sinnvolle Erfindung. Sie sind scheinbar immun gegen heftigste Stöße und laufen auch dann noch halbwegs rund, wenn ein Speichenrad sich längst in seine Bestandteile aufgelöst hat. Wie robust die Gesamtkonstruktion Laubfrosch wirklich ist, beweisen Zuschriften, die Opel in steigender Auflage erhält. Am 25. Februar 1925 schreibt beispielsweise ein O.B. aus Dortmund: „....Mit dem Fahrzeug habe ich, wie sie wissen, schon 3 mal Im Chausseegraben gelegen, ohne daß die Maschine irgendwie nennenswerte Beschädigungen aufwies....“ In diesem Zusammenhang soll nicht unerwähnt bleiben, dass diesen Ausflügen in den Straßengraben offensichtlich eine allzu sportliche Fahrweise zugrunde liegt. Denn Herr B. bekennt weiter: „....Ich kann ruhig sagen, daß ich mit dem kleinen Kerl, welchen ich mir allerdings selbst durch Aenderungen am Vergaser usw. auf über 90 km Geschwindigkeit gebracht habe, fast jeden großen Wagen auf der Strecke schlage....“

Spitze: Das Bootsheck birgt ein Gepäckabteil mit abschließbarem Kofferraumdeckel.

In der achtjährigen Bauzeit der 4 PS-Modellfamilie, die Opel stetig erweiterte, entstehen insgesamt 119 484 Exemplare. Damit ist die Laubfrosch-Dynastie die erste deutsche Baureihe, von der mehr als 100 000 Fahrzeuge gebaut wurden. Etliche Modelle haben die letzten 75 Jahre überdauert und bereichern sowohl den Oldtimer-Fundus der Adam Opel AG als auch zahlreiche Privatsammlungen. Zum 75-jährigen Jubiläum des geschichtsträchtigen Laubfrosch-Korsos treffen drei Modelle des ersten Baujahres erneut auf der Opel-Bahn zusammen. Oder vielmehr auf dem, was von der ersten deutschen Rennstrecke übriggeblieben ist. Denn die 1919 eröffnete Opel-Bahn – sie entstand lange vor solch traditionsreichen Strecken wie die AVUS oder der Nürburgring – liegt seit Ende der vierziger Jahre im tiefsten Dornröschen-Schlaf. Bäume, Sträucher, Gras und Moos überwuchern das ursprünglich 1,5 Kilometer lange und 12 Meter breite Betonoval, dessen Kurvenüberhöhung von 32 Grad Geschwindigkeiten bis 140 km/h zugelassen hat. An manchen Wochenenden versammelten sich bis zu 50 000 Menschen an der Rennstrecke und jubelten den Motorrädern und Rennwagen zu. So beispielsweise einem jungen Fahrertalent namens Rudolf Caracciola, der hier im Juli 1922 auf einem 6 PS Fafnir-Wagen sein erstes Autorennen gewann.

OPEL
RAK

RAK 2 1928

Rüsselsheimer Urknall

Ende der zwanziger Jahre erzielt Opel mit dem „RAK“-Raketenprogramm enormes Aufsehen. Nach teils geheimen Probeläufen auf der Opel-Rennbahn südlich von Rüsselsheim düst Fritz von Opel am 23. Mai 1928 mit dem RAK 2 über die Berliner Avus und erreicht eine Geschwindigkeit von 230 km/h.

Auch bei der Rekordfahrt des RAK 2, 1928, sorgen die 24 Treibsätze des Raketenmotors nicht nur für gewaltigen Schub, sondern auch für spektakuläre Rauchwolken.

Großes Kaliber: 24 Pulverraketen mit 120 Kilogramm Sprengstoff ergeben einen Gesamtschub von 6 000 Kilogramm.

neben mir in der Tribüne drehen mir gerade die Leute den Rücken zu. Ich trete auf das Zündpedal. Hinter mir heult es auf und wirft mich vorwärts. Es ist wie eine Erlösung. Ich trete nochmal, nochmal und – es packt mich wie die Wut – zum vierten Mal. Ich sehe das große Band der Bahn vor mir. Ich trete schnell noch viermal, fahre nun mit acht Rohren. Die Beschleunigung ist wie ein Rausch. Ich überlege nicht mehr, die Wirklichkeit verschwindet, ich handle nur noch im Unterbewußtsein. Hinter mir das Rasen der unbändigen Kraft. Das Avustor kommt heran, ich lasse den Wagen auslaufen und biege scharf in die Gegengerade. Noch in der Kurve gebe ich Gas, trete neue Zündungen durch... Die Geschwindigkeit muß sehr hoch sein. Ich merke, das Steuer ist zu hoch übersetzt, ich kann den Wagen kaum halten. Vor mir wird die Bahn enger und enger. Ich sehe das Zielrichterhaus, rechts am Rand stehen Autos. Ich fühle, daß der Wagen vorn schwimmt, die Flächen sind nicht genug auf Druck eingestellt, aber ich kann keine Hand vom Steuer nehmen. Ich werde nach rechts an ein Auto herangetragen, ich steuere gegen und schieße nach links, komme entsetzlich ins Schleudern. Bin ich verloren? Ich bin nur noch Gefühl der Hände. Es gelingt mir, den Wagen abzufangen. Nun erst recht eine neue Zündung. Ich bin am Ersatzteillager und will nochmals Gas geben – aber kein Zunehmen des Brausens, keine Beschleunigung. Die 24 Raketen sind verbraucht. Ich freue mich gar nicht darüber... Der Wagen steht, aber auch die Nerven sind fertig. Warum bin ich so einsam? Warum kommt niemand? Endlich sind die Freunde da... Ein Gefühl der Erschöpfung beherrscht mich. Erst Stunden später kam die Freude, daß alles gelungen war..."

Im allgemeinen Freudentaumel spricht jetzt auch Fritz von Opel trotz seiner dramatischen Erlebnisse im RAK 2 von Weltraumflügen: „In der fünften Etappe werden wir zu bemannten Raketen übergehen..." Vorerst beschränken sich die Aktivitäten jedoch noch auf die Erde. Am 23. Juni des gleichen Jahres treibt der unbemannte „RAK 3" den Geschwindigkeitsrekord für Schienenfahrzeuge auf einer schnurgeraden Eisenbahnlinie bei Burgwedel von 215 auf 254 km/h, nach einigen misslungenen Starts mit den Versionen RAK 4 und RAK 5 untersagt die Eisenbahndirektion weitere Versuche. Aber „Raketen-Fritz" lässt sich nicht beirren und treibt seine Entwicklungen weiter voran. Im Herbst 1929 steigt er erfolgreich mit einem RAK-Flugzeug in die Luft, die Geschwindigkeit liegt bei 150 km/h. Doch mit diesem Versuch enden seine Raketenträume. Die Verwirklichung seiner Visionen konnte Fritz von Opel noch selbst erleben: Im August 1939 hob das erste serientaugliche Strahlflugzeug der Welt vom Boden ab, die Heinkel HE 178. Der Russe Juri Gagarin stieß als erster Mensch am 12. April 1961 in den Weltraum vor, und Neil Armstrong betrat am 21. Juli 1969 als erster Mensch den Mond.

„... Ich trete auf das Zündpedal. Hinter mir heult es auf und wirft mich vorwärts. Es ist wie eine Erlösung..."

VS-1310

Wuchtiger Klassiker

Die enorme Anzahl von 120 Motorradherstellern Anfang der zwanziger Jahre in Deutschland und der Umstand, dass jeder jedem Konkurrenz macht, muss früher oder später zu Komplikationen führen. Im Oktober 1927 sind die sächsischen Elite-Diamant-Werke, bekannt für ihre schweren Maschinen, bankrott. Nach nur kurzer Verhandlungsdauer übernimmt Opel die Aktienmehrheit. Sogleich bemüht sich Fritz von Opel um verbesserte Technik und Produktionsverfahren. Nachdem es ihm gelungen ist, auch die Fahrgestell-Lizenz des Motorrad-Konstrukteurs Ernst Neumann-Neander zu erwerben, geht es ab Herbst 1928 in die Serienfabrikation. Bereits das nächste Modell ist ein großer Wurf: die Motoclub 500 SS.

Die zwanziger Jahre: Jeder lebt so gut und so schnell wie möglich. Da jedoch für viele die Anschaffung eines Automobils in weiter Ferne liegt, sind es die großen Jahre des Motorrads. Die Auswahl an Maschinen ist groß, die Hersteller können kaum Schritt halten mit der Nachfrage. Auch bei Opel wird fieberhaft darüber nachgedacht, wie die langen Montagezeiten von 15 bis 25 Stunden für ein Motorrad gesenkt werden könnten.

Durch den Erwerb der Aktienmehrheit an den sächsischen Elite-Diamant-Werken im Frühjahr 1928 besitzt Opel erhöhte Kapazitäten, die genutzt werden wollen. Da kommt der Umstand gelegen, dass der schon zu Lebzeiten legendäre Motorrad-Konstrukteur Ernst Neumann-Neander, der zahlreiche Patente hält, in finanzielle Schwierigkeiten gerät. Opel erwirbt die Lizenz zum Bau von Neander-Fahrgestellen mit eigenen Motoren. Eine glückliche Fügung für beide Seiten.

Die Neander-Konstruktionen zeichnen sich durch eine ganze Reihe von Vorteilen aus: Sie sind, mit Blattfedergabel und ausladenden Sätteln, in hohem Maße komfortabel. Zudem sind alle Teile so zugänglich und praktisch angeordnet, dass die Maschinen ausgesprochen reparaturfreundlich sind. Das größte Plus

Alles im Griff: Die neuartige Pressstahl-Konstruktion senkt die Produktionszeiten und revolutioniert so die Motorradfertigung.

VS-1310
OPEL

allerdings sind die Rahmen aus Pressstahl. Durch diese Pressstahl-Konstruktion fallen sämtliche Löt- und Schweißarbeiten fort; die Montagezeit für ein Motorrad kann auf rund 4 Stunden gesenkt werden. Dies bedeutet eine Revolution im Motorradbau.

Opel nutzt den Wettbewerbsvorteil. Schon im Vorfeld der Automobilausstellung von 1928 in Berlin verbreitet sich die Kunde, dass Opel wieder Motorräder baut. Als die Rüsselsheimer ihren Stand eröffnen, drängt sich das Publikum um die neuen Maschinen. Ihr Name: „Opel Motoclub 500 SS“. Rahmen, Tank, Sattel und Lenker setzen markante optische Akzente. Auch die Lackierung ist ungewöhnlich: Die Metallteile sind mattsilbrig gehalten, der Rest ist rot, einschließlich der Reifen. Diese deutlichen Akzente machen die Maschine sozusagen über Nacht zum Klassiker.

Die technischen Daten der Motoclub werden, wie seinerzeit üblich, sehr ausführlich geschildert: „Der Rahmen ist in Anlehnung an die Erfahrung aus dem Automobilbau aus U-förmig gepressten Stahlprofilen, mit mattsilbernem Metall rostsicher galvanisiert. Er besteht aus kombinierten Dreiecksverbindungen und garantiert unerreichte Festigkeit gegen Verwindungen.“ Motor und Getriebe sind tief gelagert, was der Maschine einen tiefen Schwerpunkt gibt. Zum hohen Fahrkomfort tragen Federgabel und Blattfedern bei. Der Lenker ist hochgezogen. An der rechten Außenseite des wuchtigen Tanks befindet sich der Handschalthebel für das Dreiganggetriebe.

Die Motoclub ist der Dampfhammer der zwanziger Jahre. Aus 500 Kubik schöpft der Motor 16 PS.

Das sitzt: Unter dem speziell konstruierten, besonders schwingungsarmen Sattel, genannt „Clubsessel", befindet sich der Öltank.

Die Konstrukteure legen größten Wert auf den Sattel. So wird erläutert: „Während im allgemeinen der Fahrersitz bei Motorrädern nur als eine mehr oder weniger gut abgefederte Sitzgelegenheit zu bezeichnen ist, verdient der Sitz des Opel-Motorrades die Bezeichnung Clubsessel in des Wortes wahrster Bedeutung. In genauer Anpassung an die menschliche Reitsitz-Anatomie federt der mit Luftkissen ausgestattete und auf Blattfedern schwebende Sattel nur vertikal. So bleiben dem Fahrer die ermüdenden Seitenschwankungen der üblichen Spiralfedersättel erspart."
Zwei Motorversionen werden angeboten: Das Einzylinder-Tourenmodell mit 500 Kubikzentimeter hat 16 PS; das Modell Super Sport 22 PS, doppelte Auspuffkammern, von oben gesteuerte Ventile und besonders lange Kühlrippen. Als Höchstgeschwindigkeit werden 105 und 120 km/h angegeben. „Die leicht bedienbare Mehrscheiben-Trockenkupplung mit kombiniertem Kork- und Juridbelag gewährleistet ein weiches, geschmeidiges Anfahren", rühmt die zeitgenössische Produktbeschreibung. Zur serienmäßigen Ausstattung gehören neben dem „Clubsessel" ein Tachometer, eine Benzinuhr, Gummidämpfung, Tiefbettfelgen, Luftpumpe und komplettes Werkzeug. Elektrisches Licht und Hupe werden indes nur gegen 165 Mark Aufpreis geliefert. Die Touren-Maschine kostet 1190 Mark, die Super Sport-Ausführung 1290 Mark.

Die oft lyrischen Schilderungen der Vorzüge machen deutlich, dass das Motorrad in den zwanziger Jahren weit mehr ist als ein schlichtes Fortbewegungsmittel. Häufig werden Touren unternommen. Selbst Urlaubsreisen per Motorrad sind keine Seltenheit. Die Motoclub besitzt zu diesem Zweck serienmäßig eine Tanktasche für Straßenkarten und Brillen. Als besondere Empfehlung für Reisende preist Opel den Schwingachs-Seitenwagen von Neander, ein markantes, bequemes Beiboot.

On Tour: Vibrationsarmer Geradeauslauf und bequeme Sitze machen die Motoclub zur beliebten Reisemaschine.

Um die Zuverlässigkeit der Motoclub publikumswirksam zu unterstreichen, organisiert Irmgard von Opel, die damals 22-jährige Enkelin des Firmengründers, im Frühjahr des Jahres 1929 eine Motorrad-Expedition zur Weltausstellung nach Barcelona. Ein weiterer, unverhoffter medienträchtiger Umstand kommt hinzu, als das Begleitfahrzeug auf den Alpenpässen Schwierigkeiten hat, während alle Motorräder problemlos vorankommen.

In Rüsselsheim freut man sich über die gelungene Motorrad-Tour. Die Hoffnungen sind groß, diesen Erfolg auch in Verkaufszahlen ummünzen zu können. Opel steht kurz vor einem glänzenden Motorrad-Boom. Doch die Weltwirtschaftskrise, die sich auch in Deutschland gegen Ende des Jahres 1929 abzeichnet, und die Übernahme von Opel durch General Motors im März desselben Jahres dämpfen den Optimismus. Die Amerikaner halten die Elite-Diamant-Werke für unrentabel. Die Folge: Die Motorradproduktion wird gestoppt. Eine gewisse Zeit lang werden in Rüsselsheim aus den bereits vorproduzierten Teilen aus Sachsen Motorräder zusammengebaut. Bis die letzte Motoclub das Werk verlässt. Wir schreiben 1930.

Für Sammler ist die Motoclub eine gesuchte Rarität. Und es besteht für sie kein Zweifel, dass eine Original-Restaurierung auch die ursprünglichen Farben Silber und Rot beinhaltet.

1,2 Liter 1931 - 1935

Begehrte Altersklasse

Umhüllt von der Arbeit mehrerer Spinnen-Generationen scheint der 1,2 Liter einem Grusel-Film entsprungen. Doch gerade dieses Ambiente zieht Oldtimer-Liebhaber magisch an. Zudem machen die klaren Prinzipien des Opel eine Restauration geradezu zwingend. Aber nicht nur heute, sondern auch damals steht der Klassiker hoch im Kurs.

Verwunschen und versponnen: Der 1,2 Liter ist wegen seiner klaren Konstruktion ein begehrtes Sammler-Objekt.

Restaurateure und Sammler bekommen feuchte Augen, wenn sie einen Opel 1,2 Liter sehen. Auch wenn das eine oder andere Modell nach langem Schlaf in einer abgelegenen Scheune zunächst unansehnlich ist, begehrt sind sie alle. Zwar bedarf es oft allergrößter Mühe und Zeitaufwand, die 1,2 Liter-Exemplare aus ihrem Dornröschenschlaf zu erwecken und originalgetreu zu restaurieren. Doch die einfache Konstruktion des Wagens macht den Wiederaufbau der Karosserie etwas leichter. Nicht wenige kommen bei der Beschäftigung mit dem Opel 1,2 Liter erst auf den Geschmack und entwickeln ein zuvor ungekanntes Oldtimer-Faible.

Die Erfolgsstory dieses Wagens geht zurück auf seine Anfangsjahre zu Beginn der dreißiger Jahre. Die Angebotspalette auf 1,2 Liter-Basis ist in der Tat groß: Vom offenen Zweisitzer, knapp 2 000 RM, über den offenen Viersitzer, das viersitzige Cabriolet und die Limousine bis hin zur sogenannten „Sonnenlimousine", bei der sich das Dach einfach zurückschieben lässt, bleibt der Kundschaft genügend Entscheidungsspielraum. Der Motor ist eine völlige Neukonstruktion. Der Vierzylinder mit 1 193 Kubikzentimeter Hubraum leistet 22 PS bei 3 400 U/min. Das Getriebe verfügt über 3 Vorwärtsgänge, gekühlt wird per Wasserumlauf-Pumpe. Der Tank fasst 25 Liter.

Die Zeiten sind günstig. Denn obwohl sich die Weltwirtschaftskrise auch in Deutschland deutlich auswirkt, setzen die Menschen zu Beginn der dreißiger Jahre auf Optimismus. Und vom Kauf eines langersehnten Automobils lassen sie sich schon gar nicht abhalten. Opel offeriert der zunehmend mobilen Gesellschaft eine große Modell-Palette. Die Produktionsziffern steigen kontinuierlich an.

Schon damals lassen es sich Prominente nicht nehmen, ihren Opel selbst im Werk abzuholen. Es ist kein Geringerer als der Bergfex Luis Trenker, der seinen neuen Opel in Rüsselsheim selbst abholt. Sein Fahrzeug: eine viersitzige 1,2 Liter-Limousine. Eigentlich hatte man erwartet, dass sich Trenker ein Cabriolet zulegt, als Ausdruck höherer Naturverbundenheit. Aber offenbar liebt er es eher konservativ.

Der 1,2 Liter scheint fast verwachsen mit seiner Umgebung. Fertig restauriert fügt er sich dagegen schön ein.

R 422

1,8 Liter „Moonlight-Roadster“ 1933

Grenzloses Vergnügen

Auf Basis der erfolgreichen 1,8 Liter-Baureihe schneidert der Kölner Karosseriebauer Deutsch eines der schönsten Fahrzeuge in der Opel-Modellgeschichte, den Moonlight-Roadster. Seinen Namen verdankt der niedrige Zweisitzer einer speziellen Fahrzeuggattung, die in Nordamerika zur Zeit der Prohibition eine ganz besondere Rolle spielte. Alkoholschmuggler bauten sich für ihre Besorgungsfahrten sprintstarke und extrem niedrige Roadster, die nachts mit Vollgas unter den für Lastwagen konzipierten Zollschranken durchschlüpfen konnten.

Gesetzt den Fall, ein Alkoholverbot hätte Deutschland Mitte der dreißiger Jahre trockengelegt, wäre eine Verweigerungshaltung nach nordamerikanischem Vorbild sehr wahrscheinlich gewesen: Die Herstellung und der Verkauf von geistigen Getränken ist zwar untersagt, doch mit den entsprechenden Verbindungen kann man sich Hochprozentiges fast überall beschaffen.
Für Nachschub sorgt jene Berufsgruppe, die sich seit der Schaffung von Grenzen mit unerhörtem Erfindungsreichtum an der Umgehung derselben versucht. Unter diesen Umständen ist der Moonlight-Roadster das ideale Schmuggelfahrzeug: Die niedrige Roadster-Karosserie mit geteilter Windschutzscheibe, der starke Reihensechszylinder, das agile Fahrwerk, die Vierrad-Seilzugbremse mit

ENZE

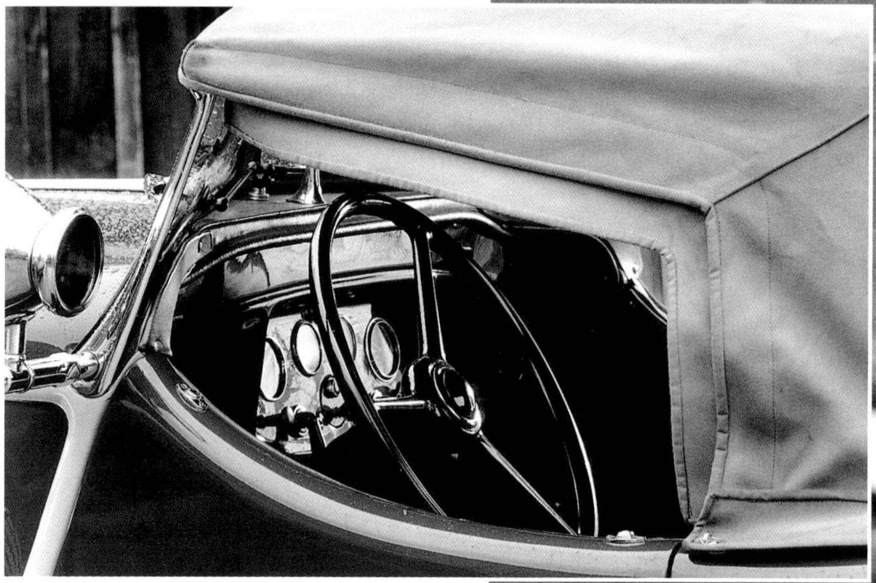

Servo-Wirkung… Die vergleichsweise günstigen Anschaffungskosten von 3 895 Reichsmark amortisieren die enormen Gewinnspannen aus den nächtlichen Transaktionen schnell. Leider hätte das Fahrzeug dann jene Exklusivität verloren, die ihm die bescheidene Stückzahl von 51 Exemplaren tatsächlich verliehen hat.

Allerdings setzt der illegale, europäische Alkoholtransfer mittels Moonlight-Roadster einen etwas verträumten, nächtlichen Grenzübergang mit wenig dienstbeflissenen Beamten voraus, die den Schlagbaum – aus welchen Gründen auch immer – nur teilweise herablassen. (Die eingangs erwähnte, üppige Durchgangshöhe amerikanischer Sperrbalken gibt es in Europa leider nicht.) So hat der Zöllner wenig Chancen,

BLACK &

den mit knapp 100 Sachen heranbrausenden Sechszylinder mit seiner wertvollen Fracht zu stoppen. Leider funktioniert diese automobile Alkohol-Pipeline nur über eine gewisse Zeitspanne. So kann beispielsweise ein junger, an die Grenzen des Reiches versetzter Beamter die Quelle zum Versiegen bringen. Dann verliert der illegale Spediteur nicht nur sein Transportgut und muss für einige Zeit hinter Gitter, sondern – trifft er auf einen wenig verständnisvollen, abstinenten Richter – er muss auch für immer auf seinen geliebten Moonlight-Roadster verzichten.

1,8 Liter Sportzweisitzer 1933

Marathon-Meister

Opel feiert bei Zuverlässigkeits- und Langstreckenfahrten in den dreißiger Jahren große Erfolge. Besonders die mörderische Non-Stop-Fahrt „2000 Kilometer durch Deutschland“ beschert den Rüsselsheimern zahlreiche Erfolgserlebnisse. Einen glanzvollen Erfolg bei diesem Vollgas-Marathon erringen 1933 die 1,8 Liter-Modelle, allen voran der formvollendete Sportzweisitzer.

Nach oben offenes Erfolgsmodell: Der Sportzweisitzer mit Sechszylinder-Aggregat erweist sich bei Langstreckenrennen als unschlagbar.

„Noch nie hat die Welt eine Motorsportveranstaltung von dem Ausmaß und der Bedeutung wie die 2 000 Kilometerfahrt durch Deutschland erlebt. Noch nie wurden an die Automobiltechnik und Fahrer so gewaltige Anforderungen wie bei dieser Ohnehaltfahrt gestellt." So beschreibt die Mitarbeiterzeitschrift „Der Opel Geist" am 1. August eine der bedeutendsten Langstreckenprüfungen des Jahres 1933. Für unser heutiges Empfinden mag diese Beschreibung übertrieben pathetisch klingen, doch die Leistungen während dieser Motorsportveranstaltung sind – auch und gerade gemessen an aktuellen Autorennen – wirklich enorm. Vom Start- und Zielort Baden-Baden führt der Rundkurs über die Eckpunkte München, Berlin und Köln über 2 000 Kilometer durch Deutschland. Allein 1 200 Kilometer legen die Teilnehmer auf selektiven, weil kurvenreichen und steilen, Straßen im deutschen Mittelgebirge zurück, auf den restlichen Flachpassagen sorgen Wolkenbrüche und Nebel für spannende Abwechslung. Doch damit nicht genug: Alle Teams, bestehend aus Fahrer und Copilot, mussten die Prüfung Nonstop absolvieren, um die geforderten Durchschnittsgeschwindigkeiten zu erreichen. Für Fahrtunterbrechungen sorgen nur Tankstops und die extra eingerichteten Servicedepots in Bayreuth, Magdeburg und Wittlich.

Opel nimmt die Herausforderung mit insgesamt zwölf serienmäßigen 1,0 und 1,8 Liter-Modellen in Angriff, elf erreichen das Ziel und unterbieten die vorgegebenen Durchschnittsgeschwindigkeiten. Den größten Erfolg feiert der Berliner Major E. Sander auf einem 1,8 Liter-Sportzweisitzer. Das Modell verfügt über die zuverlässige Großserientechnik der 1931 eingeführten 1,8 Liter-Modellreihe mit dem neuentwickelten Sechszylinder-Reihenmotor. Bei der Präsentation dieser fortschrittlichen Fahrzeugfamilie geraten selbst zurückhaltende Fachjournalisten ins Schwärmen. Beispielsweise die Redakteure der renommierten Zeitschrift Motor Kritik: „Achtung, Achtung! Der 1,8 Liter-GM-Opel-Sechszylinder ist da und ab Februar lieferbar. Das Gegenteil einer Enttäuschung: Ein verbesserter Chevrolet, der durch Verkleinern der Wirtschaftslage angepaßt ist.... Daran, daß der Schritt vom Rolls Royce zum 1,8 Liter Opel kleiner ist als von diesem zum 1931 noch nebenherlaufenden Vierer, kann man ermessen, welcher Bedeutung der Type beizumessen ist..." Tatsächlich verfügen die Modelle über einen erstaunlichen Antriebskomfort mit seidenweich laufendem Motor, der zunächst bei 3 200 U/min 32 PS mobilisiert. Ab 1933 ersetzen Leichtmetallkolben die Vorgänger aus Grauguss, eine höhere

Rennfahrer, die bei Langstreckenrennen auf den Sportzweisitzer vertrauen, haben stets gute Aussichten.

2 000 Kilometer durch Deutschland 1933: Trotz Regen, Nebel und Reifenpannen dauert die Non Stop-Wettfahrt weniger als 27 Stunden, das Durchschnittstempo beträgt knapp 80 km/h.

Verdichtung, größere Einlassventile und ein verbesserter Vergaser steigern die Leistung bei unveränderter Drehzahl auf knapp 34 PS.

Die stilistisch äußerst gelungene Roadster-Karosserie schneidert der renommierte Blechcouturier Autenrieth in Darmstadt, für die Langstreckenprüfung werden lediglich ein Zusatztank, Speichen- statt Stahlscheibenräder und eine leistungsfördernde Abgasanlage montiert. Nach der Vorgabe der Rennleitung muss das Fahrzeug die gewaltige Strecke in 28 Stunden und 13 Minuten durchfahren, was einer Durchschnittsgeschwindigkeit von 74 km/h entspricht. Tatsächlich benötigt der zweisitzige Roadster mit Sander am Steuer nur 26 Stunden und 23 Minuten, schraubt die Durchschnittsgeschwindigkeit auf beachtliche 78,8 km/h und unterbietet auch die Vorgabezeiten für wesentlich stärker motorisierte Fahrzeuge. Die gesamte Tortour spult der 1,8 Liter klaglos ohne einen Defekt ab, an den Servicedepots stehen lediglich die üblichen Arbeiten an: Reifenwechsel, Tanken, Öl nachfüllen.

Nach Siegen bei der Zuverlässigkeitsfahrt „Rund um Berlin" und einer 19-tägigen 10 400 Kilometer-Tortour nach Riga stellt der Sportzweisitzer damit erneut seine Leistungsfähigkeit unter Beweis. Ebenso zuverlässig und erfolgreich absolviert der offene Zweisitzer materialmordende Geländeprüfungen wie die „Dreitage-Harzfahrt" in den Jahren 1933 und 1934. Holzabfuhrwege, Rodelbahnen, Geröllhalden, Wasser- und Schlammdurchfahrten, Felspassagen und Waldschneisen stellen höchste Anforderungen an die Automobiltechnik. Der 1,8-Liter-Sportzweisitzer wühlt sich klaglos durch die aufgeweichten Wege, klettert souverän über Felsen und Steilhänge und bestätigt so erneut den Nimbus „Opel – der Zuverlässige".

VR 35 734

Einer für alle

Die Motorisierungswelle rollt. Opel versucht, noch mehr Kunden zu gewinnen und bietet ein Auto zum Preis von 1650 Reichsmark an. Der Vierzylindermotor mit 1,1 Liter Hubraum leistet 23 PS und bringt den Wagen auf 85 km/h. Der Name des Neulings: P 4.

Kein schwarzes Schaf: Egal, wohin der P 4 auch kommt, er wird sofort umringt.

Technik der Zeit: Zündschlüssel, Startknopf und Tachometer sind Chrom-umringt, auf dem Schalthebel ist das Schaltschema eingraviert. Der Rest ist schwarz.

Das Jahr 1935 ist ein Rekordjahr für die Firma Opel. Als erster deutscher Automobilhersteller produziert die Rüsselsheimer Firma mehr als 100 000 Autos im Jahr. Und die Deutschen genießen die Mobilität. So oft wie möglich geht es auf's Land. Ein mittlerweile nahezu risikoloses Unternehmen, denn die Fahrzeuge haben eine Zuverlässigkeit erreicht, die einem die Mitnahme gut bestückter Werkzeugkästen und intime Reparatur-Kenntnisse erspart.

Die Hersteller kämpfen um Marktanteile. Im November 1935 geht Opel in die Offensive und bietet ein Auto für 1 650 Reichsmark an. Ermöglicht wird die Kalkulation dadurch, dass der bewährte 1,2 Liter, der 300 Mark mehr kostet, als Konstruktionsbasis dient. Die Rechnung der Rüsselsheimer Geschäftsleitung scheint aufzugehen: Der P 4 wird zum Renner, einem echten „Volksauto".

Auf technischer Seite ging man keine Risiken ein. Wie seine Vorläufer besitzt der mit 3,34 Meter Länge äußerst kompakte P 4 einen U-Profil-Rahmen mit blattgefederten Starrachsen, Vierrad-Seilzugbremsen und eine aufgesetzte Karosserie in Holz- und Stahlbauweise. Der wassergekühlte Vierzylindermotor ist eine Weiterentwicklung des vorhandenen 1,0 Liter-Triebwerks. 23 PS genügen, bei einem relativ niedrigen Gesamtgewicht von 755 Kilogramm, für eine Höchstgeschwindigkeit von 85 km/h. Neben dem Standardmodell, der zweitürigen Limousine mit dem charakteristischen Ersatzrad am Heck, gibt es für 1 880 Reichsmark wahlweise das Cabriolet oder die etwas höherwertig ausgestattete Spezial-Limousine mit dem Ersatzrad auf dem rechten Kotflügel. Sie besitzt anstelle des Heck-Rades eine aufklappbare Kofferbrücke, eine stabile Gepäck-Halterung.

Dank hoher Bodenfreiheit bewährt sich der P 4 auch auf Strecken abseits der Autostraßen.

Kennzeichen P 4: Das Ersatzrad sitzt auf dem rechten Kotflügel; der Kühlergrill beherrscht die Front.

Mit einer Reihe von technischen Detaillösungen geht man auf unterschiedliche Kundenansprüche ein. So verfügt der P 4 über verstellbare Vordersitze, die per Flügelmuttern verschoben werden können, Scheibenwischer, Tachometer, Ölmanometer und Rückspiegel. Die Spezial-Limousine tritt an mit zusätzlicher Nummernschildbeleuchtung, Stoßstangen, Radzierkappen und Taschen in den Türverkleidungen. Und: Anstelle eines Dreiganggetriebes besitzt die Edel-Version ein Vierganggetriebe. Der Clou, der ein gewisses Indiz für distinguierte Kundschaft sein mag, ist die Gardine vor der Heckscheibe, die sich vom Fahrersitz aus bedienen lässt.

Der günstige Einstandspreis hat Folgen. Der P 4 entwickelt sich zum Publikumsliebling, zur Massenbasis mobiler Freuden. Die durchdachten Details machen den P 4 zum Reisewagen. Die hohe Bodenfreiheit macht den Wagen „für alle Verwendungszwecke geeignet", wie es die zeitgenössische Werbung ausdrückt. Beschädigungen des Unterbaus werden minimiert, „in ländlichen Gegenden" ist er deshalb besonders beliebt.

Vom Erfolg beflügelt, wagt die Firmenleitung bei Opel im Winter von 1936 auf 1937 eine weitere Marketingoffensive: Sie senkt den Preis für den P 4 um 200 Mark auf 1 450 Reichsmark. Dieses Gebot kann die Konkurrenz kaum unterbieten, die Kundschaft wiederum kann nicht widerstehen. Bei allem Erfolg: Die weite Verbreitung des P 4 und sein Bekanntheitsgrad können nicht verhindern, dass der Wunsch laut wird nach einer stärkeren Motorisierung. Die Ansprüche steigen ebenso wie die Reiseaktivitäten der Deutschen. So denkt man in Rüsselsheim bereits auf der Höhe des Erfolgs über eine Ablösung nach. Immerhin: Bei Produktionsende 1937 haben sich 65 864 Modelle des P 4 verkauft.

Rück-Schau: Auf Wunsch gibt es für den P 4 eine Gardine vor der Heckscheibe.

U 25
VH-806

Mit Volldampf in die Auto-Zukunft

Im Jahr 1934 nehmen die Bestellungen bei Opel in überdurchschnittlichem Maße zu. Einerseits ist dies der erfolgreichen Modellpolitik der Firma zu verdanken. Sehr förderlich ist auch, dass die Kfz-Steuer zum 1. April 1933 abgeschafft wird. Damit eröffnet sich ein erweiterter Kundenkreis. Auf dem Berliner Automobilsalon 1935 wird der Prototyp eines „Allerweltsautos" im besten Sinne vorgestellt. Sein Name: Olympia. Er soll ein Stück Technik-Geschichte schreiben.

Guter Zug: Die alte Eisenbahn behauptet sich anfangs noch gegen die enorme Zunahme des Individualverkehrs.

BWB
Ci 107
S

Kassa

Als erster deutscher Serienwagen präsentiert sich der Olympia mit einer selbsttragenden Ganzstahl-Karosserie. Diese Neuerung ist revolutionär für den gesamten Automobilbau. Sie bedeutet nicht weniger, als dass „die von früher her gewohnte Unterteilung zwischen Fahrgestell und Karosserie hinfällig wird", wie es in einer Beschreibung lapidar heißt. Weiter wird erläutert: „Das Gerippe der Karosserie ist wie eine Stahlbrücke aufgebaut, eine Ausführungsform, die bei geringstem Gewicht die mühelose Aufnahme großer Kräfte möglich macht. Dieses Gerippe besteht aus Profilträgern, die wie im Metallflugzeugbau miteinander verbunden sind." Dieses Konstruktionsprinzip wird nach und nach auch auf die anderen Opel-Modelle angewandt, von fremden Herstellern übernommen und gilt im Wesentlichen noch heute.

Die Vorzüge dieses Bauprinzips sind unschlagbar: Geringes Gewicht, daraus folgen bessere Fahrleistungen bei unveränderter Motorleistung; geringerer Verbrauch sowie höhere Sicherheit für die Passagiere durch eine steife Fahrgastzelle. Diese Pluspunkte münden alle in die technischen Daten des Olympia: Der 1,3 Liter Vierzylinder leistet 29 PS und ermöglicht eine Höchstgeschwindigkeit von 95 km/h. Der Preis ist volksnah: 2500 Reichsmark. Kein Wunder, dass der Olympia schnell Freunde findet.

Manometer: Die Ausstattung der Armaturentafel als ein Stück Maschinenzeitalter. Der Olympia ist jedoch nicht ganz so schwer zu bedienen wie die Dampflok.

Chrom-Olympia: An Edelmetall wird nicht gespart, an Symbolik aber auch nicht.

Die Ausstattung des Olympia ist ganz auf Komfort ausgerichtet. „Die Polstersitze sind mit Cord bezogen, die Rücklehnen der Vordersitze lassen sich vorklappen, die Hintersitze sind in Breite und Tiefe so günstig bemessen, dass man volle Bewegungsfreiheit hat und auch dadurch keine Fahrstrapazen spürt“, wie die zeitgenössische Beschreibung lautet. Die steigende Bedeutung des Komforts hat Gründe. Denn die Reiselust der Deutschen nimmt Formen an. Anlass für die Hersteller, die diesbezüglichen Vorzüge ihrer Modelle hervorzuheben.

Als Reisewagen für die ganze Familie macht sich die Cabrio-Limousine einen Namen. Es geht auf's Land hinaus. Nicht selten trifft man auf traditionelle Verkehrsmittel, wie Dampfeisenbahnen. Schon bei der ersten Begegnung der ungleichen Fahrzeuge wird klar, dass die große Zeit der Eisenbahn abläuft. Der Individualverkehr ist nicht zu bremsen. Immer weiter rückt die gute alte Schiene in den Hintergrund. Umso mehr kommt ihr historische Bedeutung zu.

Pro Familia: Raum ist in der kleinsten Hütte. Besonders, wenn sie so gut gepolstert ist wie der Olympia.

Super 6 Gläser Cabriolet 1938

Supermodernes Cabriolet

Während die innovativen 1,8 und 2,0 Liter-Modelle die Marktposition in der heiß umkämpften Sechszylinder-Klasse weiter ausbauen, arbeiten die Rüsselsheimer bereits fieberhaft an einem Nachfolger. 1937 ist es soweit: Der Super 6 erscheint. Modernste Technik, gepaart mit überzeugendem Karosseriedesign und ausgewogenem Fahrkomfort machen ihn sofort zum Bestseller, die Verkaufserfolge setzen sich nahtlos fort. Zusätzlich entstehen auf Super 6-Basis zahlreiche Kleinserien. Das 2+2-sitzige Cabriolet der Dresdner Karosserie-Manufaktur Gläser gehört mit Sicherheit zu den schönsten Blecharbeiten.

Die robuste Großserientechnik mit 2,5 Liter-Sechszylindermotor liefert Opel, die Dresdner Sänftenträger die Roadster-Karosserie.

Berliner Automobilausstellung, 17. Februar 1937. Auf dem Opel-Messestand drängen sich die Besucher um zwei neue Modelle, die Opel anlässlich des 75-jährigen Firmenjubiläums präsentiert. Neben dem komfortablen Luxusliner Admiral, mit dem sich die Rüsselsheimer in der Oberklasse zurückmelden, steht das neue Mittelklasse-Modell Super 6 im Brennpunkt des Interesses. Den Besuchern hat es neben der gelungenen Karosserieform vor allem die moderne Fahrzeugtechnik angetan. Der moderne Sechszylinder mit 2,5 Liter Hubraum gehört zur neuen Generation der Kurzhub-Motoren, die ein nahezu quadratisches Bohrung/Hub-Verhältnis aufweisen. Der Vorteil dieser Bauweise: Die niedrige Kolbengeschwindigkeit senkt den Verschleiß und erhöht damit die Lebensdauer des Triebwerks. Damit reagieren die Rüsselsheimer auf die verschärften Betriebsbedingungen, denen die Fahrzeuge neuerdings durch längere Vollgasfahrten auf den Autobahnen ausgesetzt sind. Zusätzlich verfügen die Triebwerke erstmals über obenliegende, hängende Ventile. Die Vorteile dieser Konstruktion liegen hauptsächlich in einem kompakten Brennraum und in den deutlich günstigeren Ladungswechseln der ein- und ausströmenden Gase. Beides verbessert den Wirkungsgrad des Aggregats erheblich. Außerdem

Nur Fahren ist schöner: Super 6 Cabriolet und Doppeldecker Tiger Moth.

vereinfacht der Umzug der Ventile in den Zylinderkopf die Wartungsarbeiten, weil sich die Einstellarbeiten des Ventilspiels einfacher und damit kürzer gestalten. Ebenfalls brandneu ist die automatisch geregelte Gemischvorwärmung und eine Thermostat-Regelung im Kühlkreislauf, die für einen gleichbleibenden Wärmehaushalt sorgt. Da das 55 PS starke Triebwerk fulminante Sprints und eine Höchstgeschwindigkeit von 115 km/h ermöglicht, widmen sich die Opel-Ingenieure auch eingehend Fahrwerk und Bremsanlage. So hält die Opel-Synchron-Federung mit hydraulischen Stoßdämpfern Einzug. Verzögert wird nun mit Metallguss-Bremstrommeln an allen vier Rädern, die Übertragung der Pedalkraft erfolgt ebenfalls hydraulisch.

Allerdings konnte sich die Konstruktionsabteilung in dieser Fahrzeugklasse noch nicht für die bereits im Modell Olympia verwirklichte, selbsttragende Ganzstahl-Karosserie entscheiden. Nach wie vor bildet ein stabiler Leiterrahmen das Fundament, die Karosserie wird einfach aufgeschraubt. Diese Tatsache vereinfacht die Arbeiten der in voller Blüte stehenden Karosserie-Manufakturen wie Autenrieth, Hebmüller, Buhne, Deutsch, Erdmann & Rossi oder Gläser wesentlich. Das Erfolgsrezept dieser Betriebe basiert auf einer überzeugenden Kombination: Die tausendfach erprobte Großserientechnik garantiert höchste Zuverlässigkeit, die kleinen Sonderserien höchste Exklusivität. Die hohen Anschaffungskosten – meist ist neben dem Grundpreis des Basismodells die gleiche Summe für die Umbauarbeiten fällig – stört die Klientel wenig. Wer sich so kostspielige Hobbys wie die Fliegerei leisten kann, der schaut beim Autokauf nicht auf die Reichsmark.

Vor allem der Dresdner Blech-Couturier Gläser, der zunächst das General Motors-Werk in Berlin-Borsigwalde bedient und später Opel mit aufwändigen Faltdächern für die offenen Serienmodelle beliefert, entwirft und baut begnadete Automobile auf Opel-Basis. Ein typisches Beispiel ist das Roadster-ähnliche Super 6 Cabriolet. Der luxuriöse Zweisitzer mit voll versenkbarem Verdeck besticht durch seine harmonische Linienführung und die ausgewogenen Proportionen zwischen der weitgehend serienmäßigen Frontpartie und dem flach abfallenden Heck, das unter einer Klappe die Notsitzbank für die Schwiegermutter beherbergt. Zum Entern dieses behelfsmäßigen Passagierabteils montieren die Gläser-Mannen auf dem hinteren Kotflügel eine kleine Leichtmetall-Steighilfe von der Größe eines Hufeisens. Wesentlich leichter gestaltet sich das Besetzen der vorderen Sitzgelegenheiten durch die weit öffnenden, hinten angeschlagenen „Selbstmörder-Türen“. Wieviel Exemplare der begnadeten Kombination aus gediegenem Super 6-Komfort und formvollendetem Cabrio-Vergnügen entstehen, ist nicht überliefert. Auf jeden Fall wird der Anteil am gesamten Super 6-Volumen verschwindend gering gewesen sein. Immerhin setzen die Opel-Händler in den Jahren 1937 und 1938 46 453 Modelle ab, bevor die Ablösung bereit steht. Sie trägt den Namen Kapitän und führt die Rüsselsheimer Sechszylinder-Linie noch erfolgreicher fort.

Die Karosserie des Super 6 Cabriolets besticht durch eine harmonische, zeitlos elegante Seitenlinie.

Familientreffen

1937 präsentiert Opel eine leicht überarbeitete Neuauflage der ersten Kadett-Generation, die den Verkaufserfolg in der noch jungen Kompaktklasse weiter anheizt. Bis zur Einstellung der Produktion 1940 setzt das Unternehmen über 100 000 Exemplare der beiden Modellreihen ab. Nachdem der Krieg und die folgenden Wirren zunächst eine lückenlose Fortsetzung der Erfolgsstory verhindern, setzt das Unternehmen in den sechziger Jahren zwei neue Familienmitglieder in die Welt. Kadett A und Kadett B schreiben wie ihre Vorgänger Automobilgeschichte. Bis 1973 entstehen über drei Millionen Kadett-Modelle.

Vererbungslehre: Wie alle folgenden Generationen verfügt der 1937 geborene Kadett über eine selbsttragende Karosserie.

Der Kadett des Jahrgangs 1937 ist mit seinem Vorgänger weitgehend identisch. Markanteste Unterscheidung: Während der Familiengründer eine flache Fahrzeugfront und zwei seitlich öffnende Motorhaubenflügel hat, kommt der Neuling mit abgerundeter Kühlermaske und modischer Alligatorhaube daher. Zusätzlich bietet Opel nun zu dem Grundmodell Normal-Limousine deutlich aufgewertete Spezial-Modelle an. Die verfügen unter anderem über die „Opel Synchron-Federung" mit Dubonnet-Feder und hydraulischen Stoßdämpfern an der Vorderachse. Den Innenraumkomfort verbessert die „Opel Zugfrei-Entlüftung" in Form ausstellbarer Dreiecksfenster, außerdem sind noch Zusatzinstrumente, eine verstellbare Sitzbank mit edleren Bezugsstoffen und ein Rückblickspiegel serienmäßig an Bord. Äußerlich unterscheiden sich die Spezial-Kadetten durch verchromte Radkappen, Reserveradabdeckung sowie vordere und hintere Stoßstange von den Basisversionen. Unter der selbsttragenden Ganzstahl-Karosserie arbeitet jene Großserientechnik, die bereits bei den Olympia- und P4-Modellen den Nimbus höchster Zuverlässigkeit erworben hat. Das graugusseiserne 1,1 Liter-Triebwerk leistet bei 3 400 Umdrehungen 23 PS und macht den 750 Kilo leichten Offiziersanwärter knapp 100 km/h schnell. Verzögert wird mit einer hydraulisch betätigten Vierradbremse. Ein geräuscharmes Dreigang-Getriebe leitet die Motorkraft über die Kardanwelle zum spiralverzahnten Hinterachsdifferential. Bis zur Einstellung der Produktion 1940 verlassen insgesamt 72 657 Modelle als zwei- und viertürige Limousine oder Cabriolet die Rüsselsheimer Kadettenanstalt. Die attraktive Preispolitik hat entscheidend zu diesem Erfolg beigetragen. Das zweitürige Grundmodell kostet nur 1 795 Reichsmark, die üppig ausgestattete, viertürige Spezial-Limousine wechselt für 2 350,- Reichsmark den Besitzer.

Grundinstrumente: Tachometer mit Kilometerzähler, Benzinuhr und Öldruckmesser liegen zentral im Armaturenbrett des Vorkriegs-Kadett.

Nach Kriegsende im Mai 1945 gleicht das Rüsselsheimer Werk einem Schutthaufen. Die Rüsselsheimer Belegschaft lässt sich aber angesichts der trostlosen Trümmerwüste nicht entmutigen, beginnt mit den Aufräumungsarbeiten und kann bald auf provisorischen Anlagen dringend benötigte Neu- und Ersatzteile herstellen. Gerade beginnen die Mitarbeiter wieder Hoffnung zu schöpfen, da trifft sie ein neuer Schicksalsschlag. Nach den Beschlüssen der Siegermächte gehen die kompletten Kadett-Produktionsanlagen inklusive Konstruktionsunterlagen an die UdSSR. Mit dieser kompletten Grundausrüstung schaffen die Sowjets in der Nähe von Moskau ein neues Automobilwerk. Wen wundert es, dass das Premierenmodell Moskwitsch 400 dem Kadett anno 1937 gleicht wie ein Ei dem anderen. Die Ironie des Schicksals will es, dass dieses Fahrzeug auch nach Westeuropa exportiert wird, unter anderem in

Kadett

die Benelux-Staaten. Und die dortigen Vertriebspartner werben mit einer problemlosen Ersatzteilversorgung aus Deutschland für ihr Produkt. Fortan muss der Olympia die Opel-Anteile in dem Marktsegment der Kompaktklasse sichern. Das Modell entwickeln die Rüsselsheimer stetig weiter, zunächst entsteht der Olympia Rekord und schließlich – 1960 – der Rekord. Mit diesem Fahrzeug ist die Modell-Linie endgültig der Kompaktklasse entwachsen, Opel braucht dringend ein neues Einsteigermodell. Die Produktionsanlagen im Stammwerk am Main laufen jedoch an der Kapazitätsgrenze, eine weitere Expansion erscheint den Verantwortlichen wenig sinnvoll. Folgerichtig entwirft das Unternehmen gleich das passende Automobilwerk für den Neuling. 1962 ist es soweit. Vom Band der gerade fertiggestellten Produktionsstätte in Bochum läuft ein taufrisches Kompaktmodell, der neue Kadett A. Ein passender Slogan für die doppelte Premiere ist schnell gefunden: „Ein neues Auto aus einem neuen Werk“.

Binnen Jahresfrist mausert sich der Neuling, den mit dem Vorkriegsmodell nur noch Name und Antriebskonzept verbindet, zum Hauptkonkurrenten des Bestsellers VW Käfer. Kein Wunder, schließlich erlaubt die Plattform mit Frontmotor und Heckantrieb eine komplette Modellfamilie mit Limousine, Caravan und Coupé. Alle Modellvarianten schlagen den Konkurrenten aus Wolfsburg in Sachen Raumangebot um Längen, sowohl im Innenraum wie im Gepäckabteil. Dank günstiger Gewichtsverteilung und ebenfalls neuer, spur- und sturzkonstanter Zentralgelenk-Hinterachse ergibt sich ein ausgewogenes und sicheres Fahrverhalten. „Der Kadett bleibt in der Kurve und auf schlechtem Pflaster ungewöhnlich fest in der Spur“, wie es in den Verkaufsprospekten heißt. Außerdem verleiht der neuentwickelte, wassergekühlte 1,0 Liter-Vierzylinder-Motor dem 670 Kilo leichten Gefährt überzeugende Fahrleistungen und einen ausgewogenen Antriebskomfort. Der 40 PS starke Basis-Kadett rennt 120 km/h und ist damit kaum langsamer als der größere

Kadett A: Schmale Dachpfosten ermöglichen große Fensterflächen und damit eine hervorragende Rundumsicht.

Knapp 2,6 Millionen Autofahrer vertrauen auf Kadett B. Besonders überzeugend: Die robusten Vierzylinderaggregate und der geräumige Innenraum mit übersichtlichem Armaturenbrett.

Modellbruder Rekord. Die 1,0 Liter S-Variante leistet sogar 48 PS und macht den Verkaufsschlager 130 km/h schnell. Und wirtschaftlich ist der Kleine auch. Durchschnittlich konsumiert er nur 7 Liter Normalbenzin auf hundert Kilometer. Kostensenkend wirkt sich auch der neue Wartungsplan aus. Das „Selten in die Werkstatt-Auto", wie Opel sein Einstiegsmodell nennt, kommt ohne den lästigen Schmierdienst aus. Nur noch alle 5 000 Kilometer ist ein kleiner Kontrolldienst fällig, alle 10 000 Kilometer eine Inspektion. Die attraktive Preispolitik der Rüsselsheimer trägt ebenfalls zu dem rasanten Anstieg der Verkaufszahlen bei. Ab 5 075 Mark ist der neue Kadett A zu haben, der bis zu seiner Ablösung 1965 rekordverdächtige 649 512 Käufer findet.

Familien-Zusammenführung: Robustes Solomodell 1937, variantenreicher Kadett A von 1962 und Kadett B von 1968, der erste Millionen-Seller in der Opel-Historie.

Die Fachwelt ist begeistert, als das Nachfolgemodell Kadett B erscheint. Die jüngste Ausgabe ist nicht nur komfortabler, geräumiger und sicherer, sondern auch leistungsfähiger und bietet wesentlich mehr Karosserievarianten. Das Erstaunliche aber ist sein Preis. Trotz aller Verbesserungen und der erweiterten Ausstattung kostet er gerade mal 100 Mark mehr als der Vorgänger. Einprägsam auch der Werbespruch zur Markteinführung: „Opel Kadett – Kurz gesagt O.K." Den wesentlich geräumigeren Innenraum verdankt der „B" einem moderaten Längen- und Breitenwachstum sowie einer Streckaktion für Radstand und Spur. Mit dem Wachstum erhöhte sich natürlich auch das Gewicht um durchschnittlich 80 Kilogramm. Damit das Modell seine Spritzigkeit behält, überarbeiteten die Techniker das Motorenangebot. Der Fahrspaß im Kadett beginnt nun mit einem 45 PS starken 1,1 Liter-Triebwerk und endet zunächst bei 60 PS. Nach einer Modellpflege 1967 kommen zusätzlich 1,7 und 1,9 Liter-Motoren zum Einsatz, die das Leistungsspektrum auf 75 und 90 PS ausdehnen. Mit den Renovierungsarbeiten steigern die Ingenieure sowohl die aktive wie passive Sicherheit des Bestsellers. Das Fahrwerk bekommt nun eine schraubengefederte Hinterachse mit Längs- und Querlenkern, verzögert wird mit Scheiben- statt Trommelbremsen an der Vorderachse. Einen wesentlichen Beitrag zur Crash-Sicherheit leistet die neue Sicherheitslenksäule, die bei Frontalzusammenstößen das Eindringen des Lenkrades in den Innenraum minimiert.

Bis zum Produktionsende 1973 entwickelt sich der Kadett B, der im Übrigen auch dem begnadeten Coupé Opel GT seine Plattform spendiert, zu dem Verkaufsschlager schlechthin. Er stößt teilweise den Käfer vom Thron der Zulassungsstatistiken und wird das erste Modell in der Unternehmensgeschichte, das die Millionengrenze durchbricht. Sagenhafte 2 649 501 Exemplare verkauft Opel von 1965 bis 1973. Dieser Rekord wird erst drei Generationen später vom Kadett E, der 1984 seinen Einstand feiert, eingestellt.

VH-306

VH - 360 722

Adel verpflichtet

Der Anlass ist gut gewählt: das 75. Opel-Firmenjubiläum. Auch Zeit und Ort sind angemessen: die Automobil- und Motorradausstellung 1937 in Berlin. Präsentiert werden dem erwartungshungrigen Publikum zwei neue Modelle: der Super 6 und der Admiral. Mit dem Admiral krönt Opel sein Pkw-Programm.

Snow-Business: Der Admiral ist die Oberklasse-Limousine der Zeit.

OELDRUCK
BENZIN

Reise-Komfort: Die Ausstattung bewährt sich auf langen Strecken.

Als der Admiral ins Rampenlicht rollt, gibt ihm die Fachpresse sogleich den Beinamen „Der deutsche Buick". Kein Wunder: Der Deutsche hat die barocken Formen und den Hubraum seines amerikanischen Vetters neu interpretiert. Der Sechszylinder mit 3,6 Liter, Dreiganggetriebe und 75 PS bringt Eleganz und Anspruch auf die Straßen. Dass sich auch der Preis auf hohem Niveau bewegt, wird dementiert. Mit 6 500 Reichsmark für die Limousine und 7 000 Reichsmark für das Cabriolet liegt der Admiral in einer „preiswerten" Klasse, wie die Firmenleitung findet.

Immerhin: Der Kunde bekommt viel für sein Geld. Ein Auto mit „verschwenderischer Platzanordnung, gediegener Ausstattung und riesigem Kofferraum", wie ein zeitgenössischer Bericht rühmt. In der Tat wird der große See-Fahrer von der Kundschaft als starker Reisewagen geschätzt, der 132 km/h erreicht und auf der Autobahn eine Dauergeschwindigkeit von 120 km/h klaglos verkraftet.

Neu sind Details am Motor, wie hängende Ventile, deren entscheidende Vorteile so beschrieben werden: „Homogener Verbrennungsraum, größere Ventildurchmesser, gute Verwirbelung des Gemischs, besserer Wirkungsgrad sowie ausgezeichnete Zugänglichkeit der Ventile bei Wartung und Reparatur". Zudem hat der Motor ein fast quadratisches Verhältnis von Bohrung und Hub: 90 x 95 mm. Die Folge ist eine geringere Kolbengeschwindigkeit, daraus resultiert niedrigerer Verschleiß, mithin eine längere Lebensdauer. Bereits damals spricht man von „Kurzhubmotoren".

Was den Admiral aber besonders attraktiv macht für Karosseriebaufirmen ist sein klassischer Pressstahlrahmen mit aufgesetzter Karosserie. Spezialisten wie Gläser beispielsweise fertigen wunderschöne Cabriolets auf Admiral-Basis für die verwöhnte Kundschaft. Für hohen Fahrkomfort sorgen Einzelradaufhängung vorn, genannt „Opel-Synchron-Federung", hydraulische Stoßdämpfer, dicke Ballonreifen und Stabilisatoren. Die Hinterachse besitzt noch Blattfedern.

Der Bequemlichkeit im Innern dienen gepolsterte Einzelsitze vorn, die sich selbst während der Fahrt verstellen lassen. Die Fondpassagiere können sich auf breiten Armlehnen abstützen. Innovation am Rande: Der Scheibenwischer wird über die Nockenwelle angetrieben.

Obwohl der Admiral nur in verhältnismäßig kleinen Stückzahlen produziert wird, zwischen 1937 und 1939 nur 6404 Exemplare, ist seine Attraktivität groß. Dieser Hauch der Exklusivität umgibt ihn noch heute.

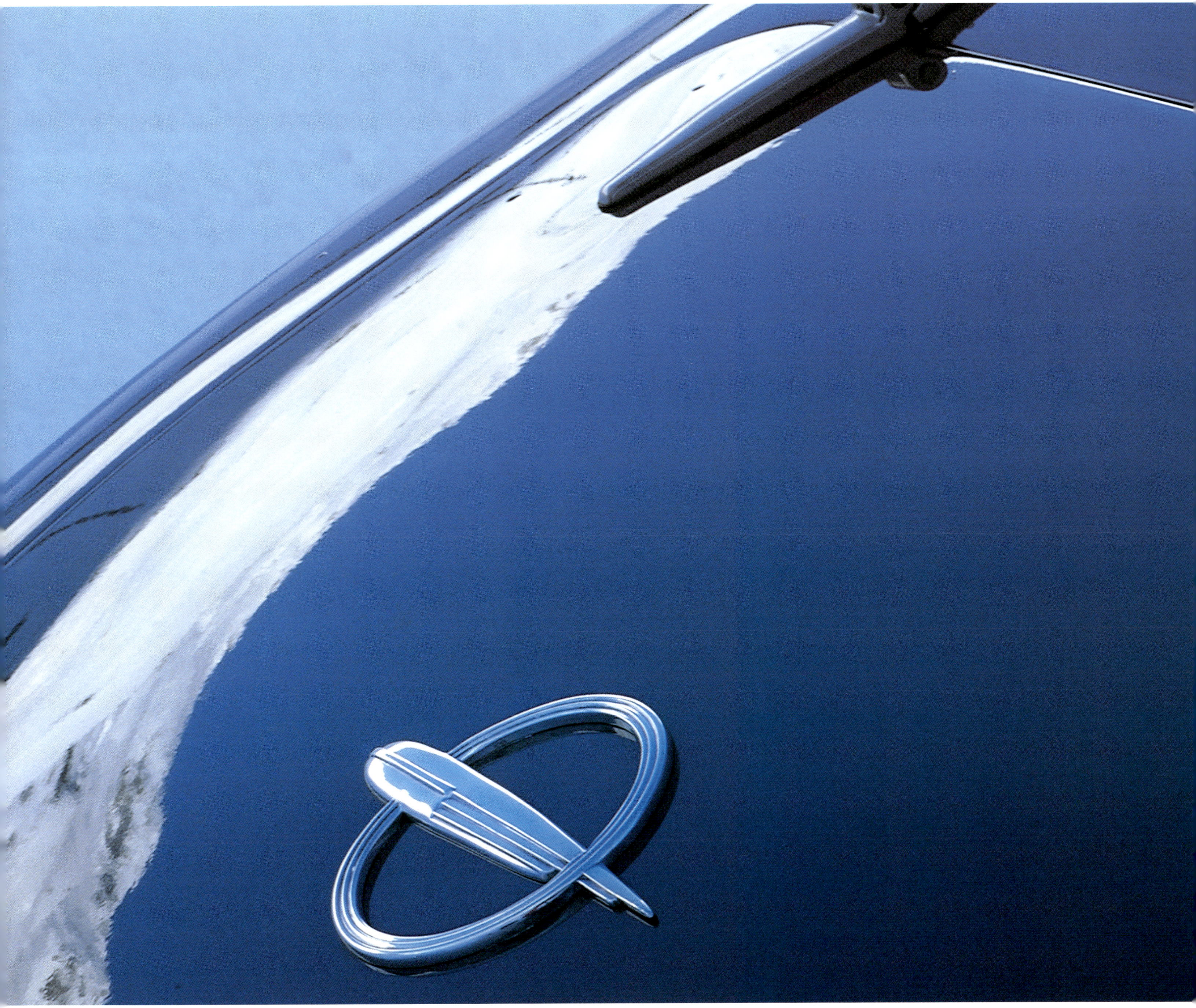

VH - 255 134

Kapitän 1938 - 1940

Sturmerprobter Bestseller

1938 steht Opel vor einem Dilemma: Der Sechszylinder, der Super 6, ist äußerst erfolgreich. Doch zugleich ist diese Klasse heftig umkämpft. Wenn man also der Konkurrenz nicht Boden überlassen will, muss man schnellstmöglich einen Nachfolger anbieten. Der ein Jahr zuvor eingeführte Admiral als Oberklasse-Limousine gibt die Richtung vor. Ein Name ist schnell gefunden: Kapitän. Dies ist der Beginn einer langen Kapitän-Ära, die den Krieg und viele Wandlungen überdauert.

Im Schnee von gestern: Winterurlaub in den Schweizer Bergen. Wer träumt nicht davon?

Die Standard-Fragen der Automobilhersteller sind seit jeher ähnlich: Was wünschen die Kunden? Was können wir tun, um diese Ansprüche zu bedienen? Wieviel dürfen die Entwicklungen für uns kosten? Zu welchem Preis können wir den neuen Wagen auf dem Markt anbieten?

Auch 1938 stellt sich Opel diese Fragen. Die Situation: Die Kundschaft in Deutschland hat immer noch großen Nachholbedarf an preisgünstigen Mittelklasse-Limousinen. Ein zumutbarer Preis liegt bei 4 000 Reichsmark. Im November präsentiert die Firma die Antwort: Eine geräumige, komfortable und technisch weit fortgeschrittene Konstruktion. Der Name Kapitän ist eine logische Ableitung vom Spitzenmodell Admiral. Eine Stufe darunter sozusagen, mit mehr Kontakt zur Mannschaft. Doch nicht weniger seetüchtig.

Technisch ist der Kapitän auf der Höhe der Zeit. Wie der Olympia, der ein Jahr zuvor auf den Markt kam, besitzt er eine selbsttragende Ganzstahl-Karosserie. Der 2,5 Liter-Sechszylinder leistet 55 PS, die den 1 230 Kilogramm schweren Wagen auf 126 km/h bringen. Der Kapitän bietet im Vergleich zum Super 6 mehr Platz, mehr Komfort und mehr Kofferraum. Schließlich ist der Preis mit 3 975 Mark äußerst populär gehalten.

Aye, aye, Captain: Der Kapitän ist etwas zurückhaltender in der Ausstattung als der große Offiziersbruder Admiral.

Opel hofft auf hohe Absatzzahlen und hat deshalb neue Fertigungsstraßen eingerichtet. Die Pläne gehen auf. Der Kapitän entwickelt sich zu einem Bestseller. Und: Die Kundschaft schätzt den Wagen vor allem auch wegen seiner Wintertauglichkeit. Eine Warmwasserheizung in Verbindung mit einem Gebläse und Defrosterdüsen an der Windschutzscheibe machen ihn zu einem idealen Urlaubsgefährt für einen

VH - 255 134

Verschneite Pisten?
Ist die Kette montiert,
kann's losgehen.

Skiausflug. Wie es der Zufall will, erlebt in dieser Zeit der Skisport einen Popularitätsschub. Doch was wäre eine Tour ohne Heizung im Auto? Opel hat die Antwort.

Und auch im Detail zeigt sich, dass man genau erkannt hat, was die reisefreudige Kundschaft erwartet. Der Rückspiegel ist blendfrei, die Belüftungsklappen sind verstellbar, Armlehnen sind serienmäßig. Und es gibt, darauf legt die Werbung Wert, verschließbare Aschenbecher im Fond. Eine Uhr gehört ebenfalls zur Serienausstattung, ein verschließbares Handschuhfach sowie Platz für den Einbau eines Radios, als „Schallauslass für die Tonquelle“, wie man sich ausdrückt.

Das Presse-Echo ist euphorisch. „Ein Wagen für jeden Zweck, für jedes Geschlecht, für jedes Land“, heißt es. Das Fachblatt „Motor und Sport“ rühmt: „Der Kapitän ist der lebendigste Opel, auch der mit den besten Straßeneigenschaften und fraglos der Wagen der ganzen Opel-Reihe, der in Anbetracht seines Preises auch den Höchstwert in Bezug auf Ausführung und Ausstattung bietet.“

Der Kapitän markiert den Beginn einer überaus erfolgreichen Kette von Modellen, die sich über den Krieg hinweg bis ins Jahr 1970 zieht. Bis 1940 werden vom Kapitän 25 374 Exemplare gebaut und in aller Welt verkauft. Größter ausländischer Abnehmer ist Schweden mit 7 200 Modellen, gefolgt von Dänemark mit 3 250. Beliebt ist der Kapitän in Argentinien, Südafrika, Costa Rica, China und Neuseeland. Damit ist Opel der größte Automobilhersteller Europas.

Die Ruhe vor dem Schnee-Sturm: Der Kapitän ist gerüstet.

Opel Blitz 1,5 to 1946 - 1951

Aller Laster Anfang

Der Opel Blitz ist nicht nur der letzte Opel vor der kriegsbedingten Einstellung der Produktion, er ist auch das erste Auto, das aus Ruinen wieder aufersteht. Am 15. Juli 1946 wird mit dem 1,5 Tonner Blitz die Opel-Geschichte fortgeschrieben. Seine enormen Variationsmöglichkeiten, sogar als Löschfahrzeug ist er in Gebrauch, machen ihn im besten Sinne zum Allerwelts-Lkw.

Unverhoffte Ernte: Wer nach dem Krieg über Land fährt, findet in manch alter Scheune Opel-Stücke wie das Skelett des Opel Blitz.

1700 Kg
2600

Ein Platz für Tiere: Vom Opel Blitz Besitz ergriffen hat das Federvieh, welches das sichere Refugium schätzt.

Der Krieg ist nicht ganz frei von tragikomischen Episoden: Nach der Kapitulation Deutschlands verfrachten die Russen als Reparationsleistung die komplette Kadett-Fertigung nach Moskau, wo das Modell anschließend als „Moskwitsch“ vom Band läuft. Auch mit dem Opel Blitz haben sie Ähnliches vor. So werden die Produktionsanlagen des 3 Tonner Blitz im Werk Brandenburg demontiert und auf Züge verfrachtet. Doch es kommt nie zum Aufbau. Die Anlagen werden nie montiert. Die Teile verrotten auf den Gleisen.

Der „kleine“ Blitz dagegen, der 1,5 Tonner, erlebt alsbald in Rüsselsheim seine Wiedergeburt. Die amerikanische Militärregierung gibt grünes Licht für eine Kleinserie, weil sie einsehen, dass für den Wiederaufbau Transportfahrzeuge vonnöten sind. Vor allem, um die Trümmer zu beseitigen. Zwar ist das Material äußerst knapp; so ist Stahl nur unter Schwierigkeiten zu beschaffen, ebenso wie Reifen, Lichtmaschinen oder Batterien. Zudem wurden Maschinen und Werkzeuge weitgehend von den Russen demontiert.

Doch die Opel-Meister der Vorkriegszeit erleben erneut ihre große Stunde, als sie es unter bemerkenswerter Improvisationskunst schaffen, aus den Resten des Bestandes einen fahrfertigen Opel Blitz zu bauen. Es ist der 15. Juli 1946, als er unter dem Applaus der Belegschaft die Fertigungsstraße verlässt. Der Neue ist ganz der Alte: Ganzstahl-Fahrerhaus, Holzpritsche, Fahrwerk mit Blattfedern, zwillingsbereifte Hinterachse. Angetrieben wird er vom Sechszylinder mit 55 PS. Die Höchstgeschwindigkeit liegt bei 85 km/h. Der erste Blitz-Käufer ist ein Unternehmer aus Wiesbaden. Er zahlt 6 600 Reichsmark.

Ungewöhnlichen Erfolg hat das Fahrgestell des Blitz. Aufgrund seiner enormen Vielfältigkeit eignet es sich für jedweden Aufbau. So fertigt die Firma Carl Metz in Karlsruhe bald auch eine ganze Reihe von Löschfahrzeugen mit Drehleitern für den Feuerwehr-Einsatz. Das Löschfahrzeug „LF 8“ beispielsweise besitzt hinter der Fahrerkabine einen Mannschaftsraum mit Quer- und Längsbänken für 7 bis 8 Personen. Die Sitze sind hart: aus Naturholz. Martinshorn gibt es noch nicht, dafür einen Motor-Kugelwecker auf dem Kühler. Statt eines Blaulichts besitzt das Fahrzeug cobaltblaue sogenannte „Springlichter“. Als Sonderausstattung ist eine mit dem Antriebsmotor gekoppelte Vorbaupumpe mit einer Leistung von 800 Liter in der Minute erhältlich. Sie kostet 2 450 Mark.

Marmor, Stein und Eisen bricht, doch der alte Opel nicht. Und das Herz des Sammlers jubelt.

Der Pritschenwagen jedoch, die äußerlich karge Basisversion des Blitz, ist zu jener Zeit das Transportfahrzeug schlechthin. Symbol eines Neubeginns in Handel und Verkehr, aller Laster Anfang sozusagen. Ob zum Abräumen von Schutt oder zum Bewegen neuer Steine – beim Wiederaufbau Deutschlands gehören die wendigen, robusten und wirtschaftlichen Opel Blitz-Lkw zum täglichen Bild.

Kein Wunder, dass ein wiedergefundener Blitz, beispielsweise in einer verfallenen Scheune, sofort auch die Erinnerung wachruft. Vielleicht ist er längst besetzt von Federvieh oder Nagetier, die ihr Revier verteidigen. Das passt zum idyllischen Bild, wenngleich die Zeiten damals alles andere als idyllisch waren.

OPEL BLITZ

Auferstehung

Obwohl die Produktionsanlagen in Rüsselsheim vom Krieg schwer in Mitleidenschaft gezogen sind, gelingt es der Opel-Mannschaft, in kurzer Zeit wieder einen geregelten Betrieb aufzubauen. Zwar haben die Russen die kompletten Fertigungsanlagen des Kadett nach Moskau verfrachtet, doch schon im Dezember 1947 läuft bei Opel die Pkw-Produktion wieder an. Der Erste ist ein alter Bekannter: ein Olympia. Schritt für Schritt wird er verbessert.

Noch einmal mit Gefühl: 1951 erlebt der Olympia seine Wiedergeburt. Déja-vu-Erlebnisse sind nicht ausgeschlossen.

AH 66 48 2107

Geländer-Wagen: Der Nachkriegs-„Oly“ kostet 6785 Mark, ab 1948 harte DM.

Der Krieg ist erst seit wenigen Jahren vorüber. Doch die Erinnerungen daran will man so schnell wie möglich vergessen. Eine funktionierende Autoproduktion wäre die Schlüsselindustrie für den wirtschaftlichen und auch psychologischen Wiederaufbau. Doch weil einerseits das Besatzungsstatut den Deutschen den Bau von Personenwagen mit mehr als 1,5 Liter Hubraum untersagt, und weil zweitens die Muttergesellschaft General Motors in Detroit noch keine konkreten Pläne mit dem Rüsselsheimer Werk hat, kommt man nur langsam voran.

Eine Entscheidungshilfe gibt der Marshall-Plan, der im Gegensatz zum Morgenthau-Plan Deutschland nicht in einen reinen Agrarstaat verwandeln, sondern wieder zum Industrieland aufbauen will. GM-Präsident Alfred P. Sloan benötigt dennoch viel Überredungskunst, um seinen Vorstand davon zu überzeugen, dass Opel eine Zukunft hat. Im Mai 1948 fällt schließlich die Entscheidung zugunsten eines neuerlichen Engagements in Rüsselsheim. Da in den alten Hallen nur bescheiden Platz ist, arbeiten die Ingenieure zu Hause.

Man beginnt mit dem, was man am besten kann, mit der Wiederaufnahme der Olympia-Produktion, die zwölf Jahre zuvor eingestellt wurde. Nachdem bereits im Dezember 1947 der erste „Neue Opel Olympia“, wie ein Plakat verkündet, die Pkw-Nachkriegsära einläutet, sorgen

kontinuierliche Verbesserungen dafür, dass der Olympia auch in den ersten Nachkriegsjahren seine zufriedenen Abnehmer findet. Als im Juni 1948 in der neuen Währung DM bezahlt wird, ist der Weg frei für eine neue wirtschaftliche Blüte. Zwar kostet der Nachkriegs-„Oly" 6 785 DM, ein für viele noch recht hoher Preis, aber er verkauft sich gut.

Technisch gesehen wartet er im Gegensatz zum Vorkriegs-Olympia mit einigen Modifikationen auf. Dazu zählt die neue Vorderachse. Chrom wird spärlich verwendet, das Metall ist schwer zu bekommen. Als im Jahr 1950 ein weiter verbesserter Olympia auf den Markt kommt, scheint man sich von den Mängeln der Nachkriegszeit befreit zu haben. Die rein baulichen Nachwirkungen des Krieges scheinen in Rüsselsheim überwunden: Fast alle Anlagen und Gebäude sind wieder aufgebaut. Die Zahl der Beschäftigten erreicht Ende 1950 den Stand von 1937. Der Olympia symbolisiert gewissermaßen den erfolgreichen Wiederaufbau.

Jetzt ist Chrom zu haben, und man zeigt es auch. Breite, bis unter die Scheinwerfer gezogene Chrom-Zierleisten am Kühler, verchromte Stoßstangen und allerlei Accessoires deuten einen Hauch von Luxus an. Auch die Radkappen beispielsweise sind wieder verchromt. Die Kotflügel sind im Kapitäns-Look großzügig geschwungen. Die Motor-Leistung wird von 37 auf 39 PS gesteigert. Geblieben ist die Ganzstahl-Karosserie und das Dreiganggetriebe. Alle Armaturen liegen im Blickfeld: der Tacho, die Benzinuhr und die Öldruck-Anzeige. Was die Kundschaft allerdings als wesentliche Neuerung begrüßt, ist der von außen zugängliche Kofferraum. Bisher nämlich musste man von innen die Rücksitzlehnen umklappen, um Gepäck verstauen zu können.

Mit dem Nachkriegs-Olympia und den kontinuierlichen Modifikationen kommt ein Symbol des erfolgreichen Wiederaufbaus auf die Straßen. Das Wirtschaftswunder nimmt seinen Lauf.

Ein Hauch von Salon: Das Auto als mobiles Wohnzimmer mit einem dezenten Stil.

On the Road again: Der Olympia ist auf jedem Pflaster, zu jeder Zeit, für Reisen auch mit großem Gepäck gerüstet.

Es geht voran

Die 50er Jahre: Die Wirtschaftswunderzeit nimmt Fahrt auf. Maßgeblichen Anteil daran hat die steigende Automobilproduktion. So werden bereits 1954 in Deutschland mehr Autos hergestellt als in Frankreich; 1956 wird die Produktion Großbritanniens überholt. Die private wie berufliche Mobilität kommt voran, nicht zuletzt dank des neuen Kapitän und des Opel Blitz.

Mit Blitz und Kapitän bedient Opel die unterschiedlichsten Ansprüche. Die noble Limousine kann hervorragend repräsentieren, der robuste Laster ausdauernd transportieren.

„Er besitzt eine erstaunliche Kraftreserve und Elastizität, läuft dabei äußerst weich und geräuschlos…“
DAS AUTO MOTOR UND SPORT, 1951

Nachdem die Währungsreform vom Juni 1948 die entscheidende wirtschaftliche Zäsur in Deutschland und das Ende der sogenannten „Nachkriegszeit“ markiert hat, geht es darum, die Infrastruktur wieder aufzubauen, Versorgungslücken zu füllen und auf Grundlage der deutschen Industrie neue Branchen zu installieren. Dem Transportgewerbe per Straße kommt dabei immense Bedeutung zu. Unvorstellbar, dass beispielsweise die Eisenbahn in der Lage wäre, Güter der unterschiedlichsten Art in kurzer Zeit an verschiedene Abnehmer zu verteilen.
Es ist das Auto, und seinerzeit vor allem der Lastwagen, der das produzierende Gewerbe, den Handel und die privaten Haushalte verknüpft wie mit unzähligen Fäden. So ist „Lieferant“ eine hochangesehene Berufsbezeichnung. Wer in diese Branche investiert, kann sein Glück machen.

Alles und jedes wird per Lastwagen transportiert. Kohlen, Milch und Eier, Möbel, Getränke. Die Betriebshöfe der Firmen, oft noch aus der Vorkriegszeit, platzen aus allen Nähten. Es ist die Zeit der Muskelkraft, hochtechnisierte Hilfen fehlen. Beladen und entladen wird mit der Hand. Daraus folgt, dass sich die betriebswirtschaftliche Kalkulation, abgesehen von der Rentabilität der Fahrzeuge, vor allem an den Personalkosten festmacht. Und die sind oft nicht leicht zu kontrollieren.

Wer beruflich etwas auf sich hält, fährt einen Lastwagen, vielleicht einen Opel Blitz. Wer dagegen nicht oder nicht mehr körperlich arbeiten muss, zeigt diesen sozialen Aufstieg gern, indem er sich deutlich abhebt. In der Kleidung vor allem; es ist die Zeit der Hüte (Arbeiter tragen Schirmmützen, ihre Chefs breite Krempen). Und vor allem mit einem Auto, welches den gehobenen Status versinnbildlicht, der neue Kapitän zum Beispiel.

Der Opel Blitz ist über Jahre hinweg der belastbare und ausdauernde Allround-Transporter.

Während der Opel Blitz zur treibenden Kraft des Wiederaufbaus wird, ist der Kapitän schon Ausdruck des bevorstehenden Wirtschaftswunders.

Es ist ein bekanntes Bild der Jahre: Die Angestellten wuchten Säcke auf die Ladepritsche des Opel Blitz, der eine oder andere mag vielleicht gerade eine Zigarette rauchen. Da rollt unversehens der Firmenchef auf den Hof, um zu sehen, was seine Leute machen. So sehen die Arbeitsvehältnisse in einem Klein- oder Familienbetrieb aus. Der optische Kontrast spiegelt damit auch den gesellschaftlichen Kontrast wider. Und doch gehören die ungleichen Autos, wie die ungleichen Tätigkeiten, zusammen. Zum Wiederaufbau.

Bei Opel ist man sich über den hohen Bedarf an Transportfahrzeugen im Klaren. Nun gilt es zu handeln, um Marktanteile zu sichern. 1953 kommt ein stärkerer Blitz auf den Markt mit 1,75 Tonnen Leergewicht. Der Clou: Er kann mehr zuladen, als er selbst wiegt, nämlich 2 Tonnen. Angetrieben wird er vom zuverlässigen Sechszylindermotor mit 58 PS, eine zunächst bescheidene Leistung, die sich im Laufe der Jahre jedoch kontinuierlich steigern soll. Auch äußerlich macht der Opel Blitz eine überzeugende Figur: Vor dem Fahrerhaus mit der breiten Dreiersitzbank und der geteilten Frontscheibe wölbt sich rund und glatt die Motorhaube, die fast elegant in die Kotflügel übergeht. Deshalb nennt man den Blitz auch gern „Rundschnauzer". Stilistische Anklänge an das „Haifischmaul" sind am Kühlergrill zu entdecken.

Obwohl sich auf den deutschen Straßen allerlei Aufbauversionen bewegen, sei es als Kastenwagen, als Panoramabus oder mit Holzaufbau, erfreut sich der einfache Pritschenwagen höchster Beliebtheit: große, leicht zugängliche Ladefläche, unverwüstliche Verarbeitung, akzeptabler Preis. Die Ausführung als Pritschenwagen kostet 8 050 Mark.

Die gestreckte Kapitän-Karosserie mit ihren üppigen Rundungen bietet bis zu 6 Personen „…mühelos Platz und volle Bewegungsfreiheit…", wie das Werbeprospekt verspricht.

Mit seinem 2,5 Liter-Sechszylinder-Motor, mit 58 PS, erreicht der Opel Kapitän eine Höchstgeschwindigkeit von rund 130 km/h.

Wir sind wieder wer: Reichliche Chromzierrat und eine üppige Instrumentierung dokumentieren das neue Lebensgefühl.

Ganz im Gegensatz dazu steht der „Chef-Wagen“, der Kapitän. Ausgesprochen amerikanisch präsentiert sich die Top-Limousine: Ponton-Karosserie, charakteristischer Kühler, markant positionierte Blink- und Rückleuchten, viel Chrom. Vor allem auch das Armaturenbrett. Der Kapitän ist völlig auf Komfort ausgerichtet. Das beginnt beim Motor, dem 68 PS starken Sechszylinder, der den Wagen auf 138 km/h bringt. Das Interieur ist so bemessen, dass Opel wirbt: „Der erweiterte Innenraum bietet 6 Personen mühelos Platz und volle Bewegungsfreiheit“.

Zum Fahrkomfort tragen der erweiterte Radstand und die ebenfalls verbreiterte Spur bei. Die Vorderachse ist komplett überarbeitet, hydraulische Teleskopstoßdämpfer und ein Stabilisator an der Hinterachse sorgen für ein weich abgestimmtes Fahrverhalten. Die Kundschaft scheint es zu mögen: Allein zwischen November 1953 und Juli 1955 verkaufen sich 61 543 Exemplare. Das Wirtschaftswunder hat einen Namen: „Auto“. Und Opel trägt entscheidend zu seiner Blüte bei.

Opel Blitz Panoramabus 1954

Schöne Aussichten

In den Anfangsjahren des allgemeinen deutschen Reisefiebers fährt man nicht nur zu zweit oder mit den Kindern ins Grüne, sondern auch und vor allem in der Gruppe. Ein Bus, ein kompakter Reisebus für die mobile Gesellschaft, ist da doch das naheliegende Transportmittel. Die Marktlücke ist groß, die Branche der Busunternehmer und Karosseriefirmen blüht auf.

Spuren im Schnee: Mit alter Ausrüstung im alten Bus zu alten Freuden, die aber immer wieder auf's Neue genossen werden.

*Panorama inklusive:
Der Bus ist ein idealer
Reiseuntersatz vor
allem für Gruppen.*

Klappen und Griffe: Guter Halt, auch wenn's mal etwas bewegter wird im Bus.

Sonntag früh, fünf Uhr. Das Dutzend Reisende ist noch verschlafen, doch schon recht fröhlich. Es verspricht ein strahlend schöner Tag zu werden für die Skiausfahrt ins Allgäu. Der Fahrer des Opel Blitz Panoramabusses verstaut die Holzskier mit der Riemenbindung, die Bambusstöcke mit dem Ledergeflecht und die Rucksäcke hinter der großen Heckklappe und in den seitlichen Gepäckfächern.

Nach einer Stunde Fahrt die erste Pause. Thermosflaschen mit Tee (und vielleicht auch mit etwas Rum darin) werden hervorgeholt, die belegten Brote ausgepackt, und es dauert nicht lang, da wird auch schon die Gitarre gestimmt. Als die Sonne ihre ersten Strahlen über die verschneiten Hügel schickt, ertönt das Lied „Die Gitarre und das Meer" von Freddy Quinn. Es macht nichts, dass weit und breit kein Meer in Sicht ist, die Stimmung ist prächtig. Der Tag wird ein Erfolg, soviel ist jetzt schon absehbar. Die Gruppe will im Allgäu bei Isny skilaufen, dann am frühen Nachmittag in der Jausenstation einkehren und anschließend ein paar Runden kegeln, denn glücklicherweise besitzt der Gasthof eine Kegelbahn. Später dann, wenn es schon längst dunkel ist, wird der Fahrer zum Aufbruch mahnen. Die Heimfahrt wird sicher drei Stunden dauern, und am nächsten Morgen, Montag früh, ruft wieder die Arbeit. Ein Sonntagsvergnügen dieser Art ist typisch für die Epoche. Zwar sind die Wochenarbeitszeiten bereits gesunken, von 48 auf 44 Stunden. Doch von einem sogenannten „langen" Wochenende ist

Der Panoramabus macht seinem Namen alle Ehre: Viel Stau-Raum im Gepäckabteil, viel Schau-Raum dank großer Fenster.

man noch meilenweit entfernt. Außerdem spart man sich gern die Übernachtungskosten. So wird der Sonntag in voller Länge genutzt. Früh aufstehen zu müssen, ist dabei eher ein Vorteil.

Zum idealen Gefährt für diese intensive Art Freizeit-Vergnügen entwickeln sich kompakte Busse mit Platz für ein gutes Dutzend Passagiere oder sogar noch mehr, doch zugleich ausreichend motorisiert. Was liegt näher, als auf dem Fahrgestell des Opel Blitz einen entsprechenden Aufbau zu installieren? Alle Erfahrungen sprechen dafür. Mit dem Motor, dem 2,5 Liter Sechszylinder mit 58 PS, hat man einen soliden Antrieb. Den Aufbau besorgt die Ulmer Firma Kässbohrer. Sie entwirft eine Konstruktion mit großen Seitenscheiben und zusätzlichen Oberlichtern, was dem Bus eine optische Leichtigkeit und den Beinamen „Panoramabus" gibt. Natürlich denkt man speziell an Gruppenreisen. So ist der 1,75 Tonner in der Lage, bis zu 17 Fahrgäste mit maximal 95 km/h zu bewegen. Das kräftige Gebläse leitet die Motorwärme auch bis in die hinteren Reihen. Auf der anderen Seite sorgen Frischluftklappen neben den Türen für Sauerstoffnachschub. Der Federungskomfort der Blattfedern ist erstaunlich, die Sicherheitsaspekte und Fahrkomfort kommen nicht zu kurz: Vierrad-Öldruckbremse mit automatischem Bremsausgleich, leichtgängige Lenkung, geräuscharmes Getriebe.

Da lediglich 67 Exemplare des Panoramabus gebaut werden, zählt er zu den meistgesuchten Klassikern des Opel-Programms. Nur ganz wenige der Fahrzeuge erstrahlen heute in mustergültig restauriertem Zustand.

89
4991

Fernweh ab Werk: Die Olympia Rekord Cabrio-Limousine beflügelt die Reiselust der Deutschen.

Olympia Rekord Cabrio-Limousine 1953 - 1955

Nach oben offener Erfolg

Waren die Nachkriegsjahre in Deutschland noch von gewissen Mängeln geprägt, so setzt sich im Laufe der Fünfziger Jahre ein bescheidener Wohlstand durch. Dieser äußert sich auch in einer Zunahme der Freizeit. Und diese wird weidlich genutzt. Noch haben die Deutschen keinen Ruf als „Reiseweltmeister“, doch die Anfänge sind unübersehbar. Das Wochenende gehört der Familie. Und dem Auto.

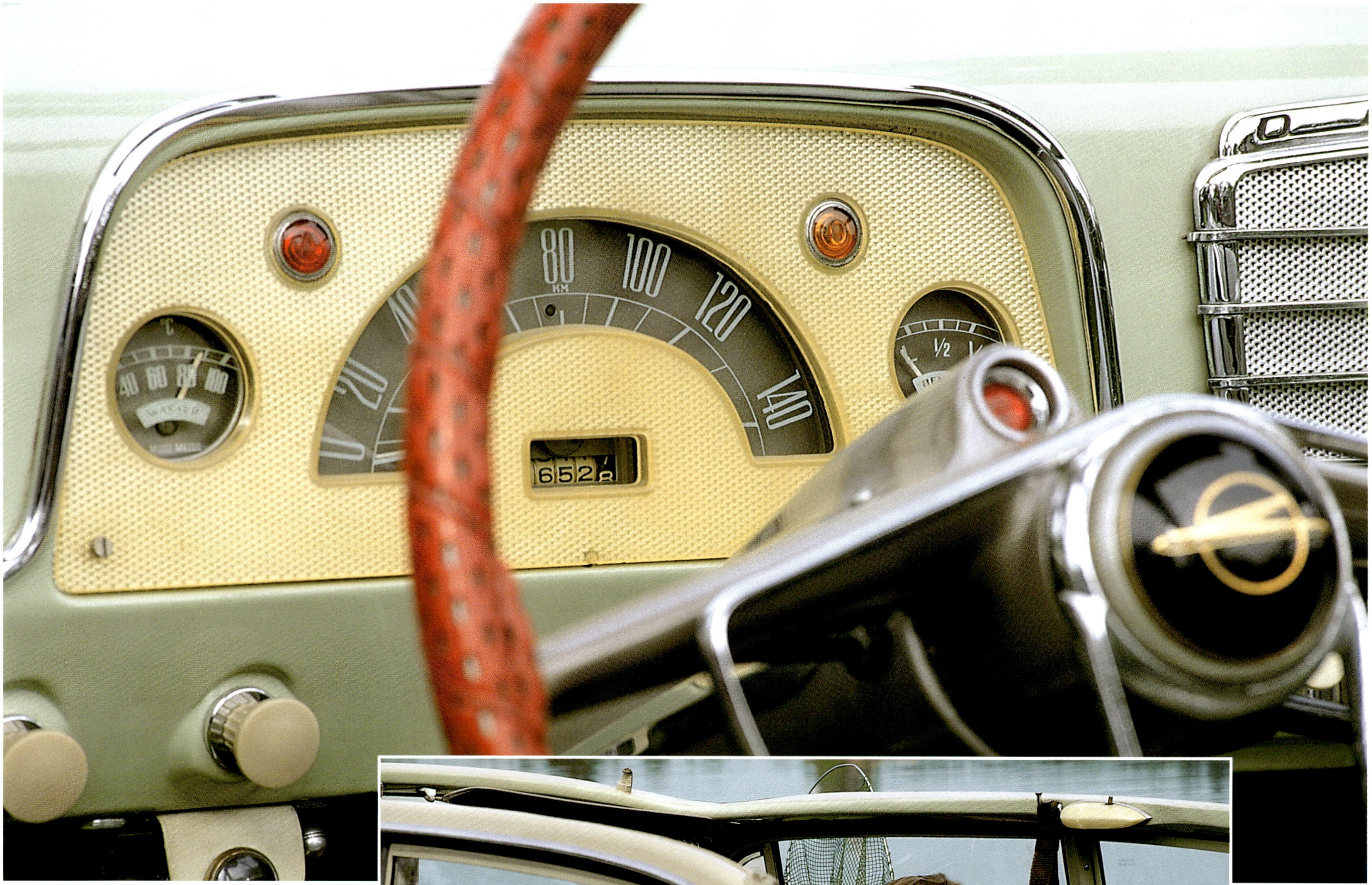

Olympische Rundungen: Zierleisten und zahlreiche verspielte Details, die Blumenvase ist selbstverständlich, machen den automobilen Reiz aus.

1954 wird die Wochenarbeitszeit bei Opel in Rüsselsheim von 48 auf 44 Stunden reduziert. Das scheint nicht viel auf den ersten Blick, aber es bedeutet in der Praxis einen zusätzlichen freien halben Tag. Für eine Familie mit Kindern ist dies in der Tat viel. Denn dadurch verlängert sich das Wochenende; die Reisefreudigkeit und die damit verbundenen Entfernungen nehmen fast automatisch zu.

Ein See im Allgäu. Alles, was die Familie braucht, hat sie dabei. Ein Wohnanhänger stellt das Optimum an Reiseluxus dar. Damit ist die Gruppe praktisch unabhängig von Wetter und Zeltplätzen; zugleich spart sie Hotelkosten. Eine Form der mobilen Freiheit, die in den Fünfziger Jahren die Massen aus den Städten hinaus und auf's Land, an die See oder in die Berge lockt. Es ist die Zeit, da sich die Deutschen anschicken, ihren Ruf als „Reiseweltmeister" zu begründen. Parallel hierzu spiegelt sich auch in der Mode und in den Medien ein Fernweh, dessen konkrete Ziele nicht so leicht auszumachen sind. So kommen bunte Hemden, die „Buschhemden", in Mode; Freddy Quinn singt „Unter fremden Sternen". Doch noch träumt man den Traum von Exotik weitgehend zuhaus.

Als ideales Transportmittel für Körper und Fernweh erweist sich ein Opel. Bereits 1953 wird auf der Frankfurter Automobil-Ausstellung der Olympia Rekord vorgestellt, der Nachfolger des Olympia. Mit der selbsttragenden Ponton-Karosserie und dem verlängerten

Angespannt zum Ausspannen: Ein Wohnanhänger ist das individualtouristische Nonplusultra.

Radstand wirkt er deutlich gestreckter. Das Fahrwerk ist verbessert worden, ein Umstand, der sich vor allem auf Italien-Reisen über die Alpen wohltuend auswirkt. Der Motor ist ein alter Bekannter: Der 1,5 Liter Vierzylinder, allerdings dank höherer Verdichtung mit 40 PS. Seine Höchstgeschwindigkeit liegt bei 115 km/h. Wieder einmal haben die Opel-Konstrukteure an den Reisekomfort gedacht. Was der Neue alles aufweist, schildert der zeitgenössische Prospekt: „Aschenbecher für jeden Fahrgast, serienmäßige Kleiderhaken, zwei Sonnenblenden, Zigarrenanzünder, breite Ablage vor dem Rückfenster." Das sind Argumente! Weiter heißt es: „Die Sitzbänke, deren Gummihaarformkissen mit einer feinporigen, elastischen Schaumstoff-Auflage abgedeckt sind, lassen die Insassen auch nach langer Reise ausgeruht am Ziel ankommen." Vom Erfolg ermutigt, wird die Baureihe ausgeweitet.

Zunächst kommt der Caravan, ein wahres Multitalent für Transport und Freizeit. Im März 1954 dann das Cabrio. Mit vollem Namen: Olympia Rekord Cabriolet-Limousine. Eine ungewöhnlich großvolumige Sprachschöpfung, welche die Kombination sämtlicher Pluspunkte ausdrücken soll: Cabrio als Limousine oder Limousine als Cabrio. Diese Verbindung kommt bei der Kundschaft an. Bei Opel tut man viel, um den Erfolg zu stabilisieren. Im August 1955 steigert sich die Leistung des 1,5 Liter-Motors von 40 auf 45 PS. Damit kommt man sogar mit dem Wohnanhänger über den Großglockner und an die Adria. Dort wird dann das erste große Kapitel des deutschen Reise-Zeitalters geschrieben.

OPEL
Kapitän
2 000 000

Kapitän L, Sondermodell „2 Millionen" 1956

Goldenes Jubiläum

Ein Modell der fünften Kapitän-Generation erhält am 9. November 1956 eine ganz besondere Ehre. Mit der luxuriösen Limousine feiert Opel sein 2 000 000. Fahrzeug seit dem Beginn der Automobilproduktion. Das Jubiläumsmodell erhält eine einmalige Sonderlackierung und reichlich Goldauflage, sowohl außen als auch innen.

Es ist alles Gold, was glänzt: Den Innenraum überarbeiteten die Goldschmiede mit beeindruckender Konsequenz. Sogar die Ziffernblätter der Instrumente oder Hebelchen der vorderen und hinteren Dreiecksfenster tragen Gold.

Produktionsjubiläen genießen bei Opel einen hohen Stellenwert und werden entsprechend gewürdigt. Bei der Planung der damit verbundenen Aktivitäten beweisen die Rüsselsheimer wiederholt eine überzeugende Kreativität. Den ersten Knaller diesbezüglich zünden sie 1936. Da stehen nicht nur die Olympischen Spiele im Brennpunkt des öffentlichen Interesses, sondern auch der 500 000. Opel-Wagen, natürlich ein Olympia. Den verfrachten die Werbestrategen nämlich in den Rumpf des Luftschiffs Hindenburg und exportieren ihn zur südamerikanischen Vertriebstochter nach Rio de Janeiro. Das „erste fliegende Automobil der Welt“ ist geboren. Dem 1 000 000. Opel hätte das Unternehmen sicherlich eine ähnliche Aktion gewidmet. Doch 1940, kurz vor dem kriegsbedingten Produktionsstop, ist jedem die Lust an solch spektakulären Taten gründlich vergangen.

Das Wirtschaftswunder reanimiert in den Fünfzigern nicht nur die deutsche Automobilindustrie, sondern auch die Bereitschaft zu aufsehenerregenden Werbeauftritten. 1956 steht die Produktion des Opel-Modells Nr. 2 000 000 bevor, und die Rüsselsheimer sinnen nach einer passenden Vorstellung des Jubilars, einem Kapitän. Der hat gerade seine Premiere gefeiert und eine neue Karosseriemode ins Spiel gebracht. Zwar beherrscht nach wie vor die Ponton-Form den Luxusliner, doch weisen schüchtern angedeutete Heckflossen auf eine Änderung der Karosseriemode hin. Außerdem trägt der Neuling einen reichen Chromzierrat vom Kühlergrill bis zum geschwungenen Kofferraumgriff. Das Armaturenbrett verdeutlicht in einmaliger Weise den Zeitgeist und trägt Design-Merkmale einer chromblitzenden Wurlitzer-Jukebox.

Die Veränderungen am auserkorenen Jubiläumsmodell sind beeindruckend und verfehlen ihre öffentlichkeitswirksame Wirkung nicht: Die Karosserie unterhalb der Fenster bekommt einen elfenbeinfarbigen Pastellton, das Dach wird goldbraun und – die beeindruckendste Änderung – wo ursprünglich Chrom

Jubilar im Goldrausch: Jedes ursprünglich verchromte Anbauteil trägt jetzt Edelmetall.

blinkt, strahlt jetzt echtes Gold. Alle Zierleisten, Griffe, Stoßstangen, Lampeneinfassungen, Radkappen, Schriftzüge, Scheibenwischerarme, Lüftungsgitter, Außenspiegelfassungen und der Kühlergrill tragen die Edelmetallauflage, sogar das Glas der Rückspiegel erhält eine dezente Goldtönung. Im Innenraum setzen die Goldschmiede ihre Arbeit mit einer Konsequenz fort, die absolut beeindruckt. Sogar die Ziffernblätter der Instrumente oder Hebelchen der vorderen und hinteren Dreiecksfenster tragen Gold. Als der so gestylte Kapitän vom Band der Rüsselsheimer Produktionsanlagen rollt, ist das Echo in der jungen

Medienwelt groß, über den zweimillionsten Opel wird in Deutschland nahezu flächendeckend berichtet. Nach den Feierlichkeiten wird der Kapitän in Gold sorgfältig weggeschlossen, damit sich keiner an dem Schmuckstück vergreifen kann. Allerdings verschwindet doch etwas auf ungeklärte Weise. Erstaunlicherweise aber kein vergoldetes Teil, die beiden Sonderplaketten auf den vorderen Kotflügeln erschienen dem Pretiosenjäger begehrenswerter.

Friseur
7
Kalt-
Heiß-
Dauerwellen
Modische
Lockwell-
Frisuren
4711
Damensalon
Rekord

Frisch gestylt

Während sich die Damenwelt Ende der Fünfziger mit geblümtem Petticoat-Kleid und üppiger Frisur aufdonnert, setzt sich im Automobilbau eine eher sachlich-nüchterne Linie durch. Ein typischer Trendsetter der neuen Stilrichtung: der Olympia Rekord P1.

Leuchtendes Beispiel: Die Olympia Rekord-Generation von 1957 demonstriert in Sachen Karosseriemode eine neue Sachlichkeit.

Große Karosserieflächen und der markante Kühlergrill glätten beim P1 die Wogen des bislang dominanten Pontonstils.

Opel hat den Bogen raus: Gekrümmte Panoramascheiben bestimmen das Erscheinungsbild.

Die Modemacher in der Rüsselsheimer Styling-Abteilung haben mit dem Rekord P1 überzeugende Arbeit geleistet. Der Neuling setzt die aktuellen Trends perfekt um und hat mit dem etwas pummeligen Vorgänger nichts mehr gemein. Vorbei sind die Zeiten des rundlich-bauchigen Pontonstils, der Debütant demonstriert ausgewogene Sachlichkeit. Und die will der Rekord-Halter in den Fünfzigern auch haben, wie das zeitgenössische Verkaufsprospekt verdeutlicht: „Sprechen wir doch vom Kern der Dinge. Auch im Lack Ihres Wagens spiegelt sich Ihr beruflicher Erfolg. Die Kennzeichen des Wagens, für den sie sich entscheiden, sind auch die Ihren. Der Rekord ist solide, leistungsfähig, gegenwartsnah und zuverlässig. Nichts ist Flitter und Tand...." Die auffälligsten Merkmale der neuen Modelle: Glattflächige Fahrzeugflanken, weit herum gezogene Panoramascheiben, dezente Heckflossen und der fast über die gesamte Wagenbreite reichende Kühlergrill. Neben den stilistischen Vorteilen bietet die neue Mode durchaus praktische Vorzüge. Die auf 1,9 Quadratmeter erweiterten Fensterflächen bieten einen hervorragenden Überblick auf das gesamte Verkehrsgeschehen, die Rundumsicht liegt jetzt bei unschlagbaren 92 Prozent. Zusätzlich verbessert sich die Raumökonomie. Der P1 ist im Vergleich zum Vorgänger zwar 20 Zentimeter länger, aber auch 9 Zentimeter schmäler und 4 Zentimeter niedriger. Trotzdem wächst der Innenraum beachtlich: Die Sitzbänke sind nun 1,34 Meter breit, die Sitztiefe beträgt 46 Zentimeter. Damit sich der potentielle Kunde ein Bild von diesen luxuriösen Sitzmaßen machen kann, rät das Rekord-Prospekt,

Alles in Ordnung: Gut ablesbarer Trommeltachometer und zentral gelegene, übersichtliche Schaltersammlung.

dem heimischen Wohnzimmergestühl mit dem Zollstock zu Leibe zu rücken: „Wenn Sie diese Maße an einen Sessel anlegen, haben Sie eine richtige Vorstellung der Rekord-Bequemlichkeit....“ Das erwähnte Längenwachstum wirkt sich auch auf die Kniefreiheit auf der Rückbank und das Kofferraumvolumen aus. Das Gepäckabteil schluckt locker das komplette Urlaubsgepäck einer fünfköpfigen Familie, birgt allerdings auch gewisse Risiken. Denn die Zuladung ist mit 345 Kilogramm eher bescheiden. Zum Vergleich: Ein Corsa aktueller Bauart darf knapp 500 Kilo schleppen.

Die neue Sachlichkeit erobert auch den Innenraum, vornehmlich das Armaturenbrett. Hier gibt nacktes Blech den Ton an, die Übersichtlichkeit ist für damalige Zeiten erstaunlich. Im Instrumententräger mit stufenlos einstellbarer Beleuchtung dominiert der Trommeltachometer, die meisten Schalter sind in einer mittigen Leiste zusammengefasst. Aus der Lenksäule ragen zwei Hebel. Mit dem linken werden die Blinker mit automatischer Rückstellung aktiviert, mit dem rechten das Dreigang-Getriebe sortiert. Vor dem Beifahrer liegt das abschließbare Handschuhfach wie ein Tresor. Sowohl stählerner Deckel wie massives Schloss sind von jener unerschütterlichen Stabilität, die so manchem potentiellen Langfinger die Berufsausrüstung verbiegen dürfte. Zusätzlich gibt der geöffnete Deckel „....durch Einbuchtungen auf der Innenseite Gläsern und anderen Gefäßen festen Halt“. Dieses Detail macht den Rekord zum Geburtshelfer in Sachen Getränkedosenhalter, wie es heutzutage heißt.

Die zart sprießende Emanzipation erobert Ende der Fünfziger auch die Automobilwelt, zunehmend sitzt Frau hinter dem Fahrzeugvolant. Diese Klientel hat Opel fest im Blick, wie dem Händlerprospekt zu entnehmen ist: „Den Rekord fahren viele Damen. Warum? Die Bedienung ist so einfach. Parken, Wenden – ein Kinderspiel. Mit den Fingerspitzen könnte man den Wagen führen. Grund: Die Kugelumlauflenkung. Für die hängenden Pedale braucht man wenig Kraft, um sie durchzutreten. Die Gaspedalplatte ist

Internationaler Rekord: Der P1 gewinnt nicht nur in Europa das Rennen um die Käufergunst, auch in den USA läuft das Modell unter der Marke Buick hervorragend.

breit und hoch. Man rutscht auch mit Bleistiftabsatz nicht ab: Schuhwechsel beim Rekord unnötig....“ Noch bequemer fährt es sich mit dem ab 1959 angebotenen Olymat, ein Lizenzbau von Fichtel & Sachs, der kuppeln überflüssig macht.

Der Olymat kommt mit der ersten Modellpflege 1959 zum Einsatz, die der Olympia Rekord-Baureihe zusätzlich eine viertürige Karosserieversion und eine stärkere Motorisierung beschert. Ein 55 PS starker Vierzylinder mit 1,7 Liter Hubraum ersetzt auf Wunsch den serienmäßigen 1,5 Liter mit 50 PS. Eine absolute Sensation ist der Aufpreis für das stärkere Modell: ganze 75 Mark! Wie seine Vorgänger entwickelt sich der P 1 zu einem absoluten Verkaufsschlager. Zwischen 1957 und 1960 liefert Opel über 850 000 Modelle aus. Die Käufer kommen allerdings nicht nur aus Europa, denn General Motors bietet das Modell über seine Buick-Dealer auch in Amerika an. Damit ist der P1 das erste Großserienmodell, das offiziell und in größeren Stückzahlen in die USA exportiert wird.

Kapitän auf großer Fahrt

Wenn ein geschwungenes „L“ an den Seitenteilen von Opel-Modellen prangt, ist immer Luxus im Spiel. So auch beim völlig neu gestylten Kapitän, der 1958 erscheint und die Abkehr von der bis dahin vorherrschenden Ponton-Form fortführt.

Zugnummer: Ende der fünfziger Jahre sind Kapitän-Modelle in Luxus-Ausführung sehr gefragt.

Den Sinneswandel in Sachen Karosseriedesign leitet 1957 der Olympia Rekord ein. Er gibt vor, wohin die Mode aus dem Hause Opel geht. Bauchiger Ponton-Stil und Haifisch-Kühlergrill sind endgültig passé, Panoramascheiben, Heckflossen und Zweifarben-Lackierungen bestimmen fortan das Bild. Die neuen Kapitän-Modelle folgen der modischen Linie und geben dem neuen Topmodell ein gestrecktes, modernes Aussehen. Der steilen, üppig verchromten Frontpartie mit aufgesetzten Scheinwerfern und monströs geschwungener Stoßstange folgen in gerader Linie die Kotflügel. Weit herumgezogene Panoramascheiben integrieren den Dachaufbau harmonisch in das Gesamtbild. Die glattflächigen Seitenteile, nur durch eine gerade Chromleiste untergliedert, enden in abgerundeten Heckflossen. In den Flossenenden eingebettet liegen die Rückleuchten-Einheiten mit der charakteristischen Form eines Schlüsselloches. Dieser Tatsache verdankt der gut 4,70 Meter lange Luxusliner auch seinen Spitznamen, denn er geht als „Schlüsselloch-Kapitän" in die Opel-Modellgeschichte ein. Die konsequente Umsetzung der neuen Gestaltungsgrundsätze hat eindeutig stylistische Vorzüge, bedingt aber auch einige Nachteile: Weit in die vordere Türöffnung hineinragender Rahmen der Panoramascheibe behindert den Einstieg. Den Fondpassagieren steht beim Entern der Kapitänskajüte zwar kein Scheibenrahmen im Weg, dafür müssen sie sich durch relativ schmale Einstiegsluken fädeln, um die breite und komfortable Rückbank zu besetzen. Nach Schließen der Tür, die satt wie bei einem Tresor ins Schloss fällt, fühlen sich die Insassen durch die wuchtige C-Säule sicher und geborgen. Nach einiger Zeit kommen aber auch Zweifel an den Vorzügen dieser Bauweise, weil die seitliche Sicht nach draußen versperrt ist.

Die Abteilung „Produkt-Entwicklung und Konstruktion", kurz PEK genannt, beschränkt ihre Renovierungsarbeiten aber nicht nur auf stilistische Veränderungen. Zunächst nehmen sich die Motorentechniker das Sechszylinder-Triebwerk vor. Sie erhöhen die Verdich-

Schlüsselloch-Kapitän: Die charakteristisch geformten Heckleuchten geben dem Modell seinen Spitznamen.

Kommandobrücken im Vergleich: Üppige Informationsflut im Kapitän, nüchternes, lederbezogenes Armaturenbrett im Boesch Gray Marine.

tung des 2,5 Liter-Reihenmotors und steigern die Leistung auf 80 PS bei 4 100 Touren. Damit verbessern sich die Fahrleistungen deutlich: Der immerhin 1 310 Kilogramm schwere Kapitän mit der Aerodynamik einer Zweimastbark kann jetzt mit 142 km/h über die Autobahn kreuzen. Ein Manko hat die Leistungskur allerdings. Das Aggregat verlangt jetzt nach Superbenzin, der Verbrauch steigt auf durchschnittlich 11,5 Liter an. Da empfiehlt sich die Anschaffung des Overdrive, den Opel als drehzahl- und verbrauchssenkende Option zum serienmäßigen Dreigang-Getriebe anbietet. Da der Vorgänger beherzte Bremsmanöver mit einem deutlichen Eintauchen des Vorderwagens quittierte, die Hinterachse bei üppiger Beladung und schlechter Straße zu einem unangenehmen Schwingen neigte, wird das Fahrwerk komplett überarbeitet. Die Vorderachse zeigt sich nun dank Einzelradaufhängung und progressiver Schraubenfederung standfester, die Hinterachse wird durch den Einsatz ebenfalls progressiver Vierblattfedern fahrstabiler.

Dieses Fahrverhalten entspricht mehr dem gesetzteren Kundenkreis, der sich oft auch mit seiner Kleidung dem fahrbaren Untersatz annähert. Während sich die Jugend in Jeans, Lederjacke und Petticoat auf dem Motorroller zum nächsten Kino oder Tanzschuppen aufmacht, trägt der Kapitän-Eigner auf dem Weg ins Wochenende eher Maritimes. Dunkelblaues Club-Sacco, weißes Hemd, weiße Hose und Kapitänsmütze sind ein absolutes Muss, besonders wenn ein edles Mahagoniboot am Kapitänshaken hängt. Solche Ausfahrten meistert der Kapitän im Kapitän gelassen. Schließlich garantieren der durchzugsstarke Motor, das überarbeitete Fahrwerk in Verbindung mit dem üppigen Radstand, die gefühlvolle Lenkung und eine standfeste Bremsanlage einen problemlosen, fahrstabilen Hängerbetrieb. An dieses ausgewogene Fahrverhalten denkt der Fahrer gern zurück, wenn er in seinem Motorboot über die Wellen hüpft und das Ruder stets eine Gedenksekunde einzulegen pflegt, bevor es die Richtungsbefehle umsetzt....

Im Schlepptau: Der Luxusliner Kapitän genießt auch als Zugfahrzeug höchstes Ansehen.

BBC

V wie Victory

Genau 347 Mal wird das Auto gebaut. Das sind keine Stückzahlen, die sich mit denen von anderen Modellen vergleichen lassen. Aber auch auf andere Art ist der Wagen unvergleichlich. Leistung und Preis machen ihn zu einem der Top-Autos in Deutschland. Sein Name: Diplomat V8 Coupé.

Der V8 macht Front: Mit 4,6 Liter Hubraum und 190 PS prescht der Diplomat in die erste Liga der Top-Autos vor. Das Coupé wird von Karmann in Osnabrück gebaut.

Diplomat

Die Aufbauphase der deutschen Wirtschaft und Gesellschaft ist beendet. Nun kommt die Zeit, da sich die Menschen etwas „gönnen“. Ob in der Mode, bei der Ausstattung der Wohnung oder auch beim Auto – ein vorsichtiger Luxus, freilich noch weit entfernt vom Protz, tritt in mancherlei Spielarten auf.

1964 stellt Opel den Diplomat V8 mit 4,6 Liter Hubraum und 190 PS vor, zweifellos das Flaggschiff der Zeit. Doch um die Baureihe noch weiter ins Edle voranzutreiben, denkt man an eine Coupé-Version. Doch wer soll sie bauen? Den Zuschlag erhält schließlich die bekannte Firma Karmann in Osnabrück. Sie schaffen bis Ende 1965 ein elegantes Coupé, das in Leistung und Ausstattung seinesgleichen sucht.

Der Achtzylinder-Motor mit Automatik-Getriebe stammt vom amerikanischen Chevrolet. Seine 5,4 Liter Hubraum (die Limousine hat nur 4,6 Liter) entwickeln 230 PS, eine beeindruckende Leistung zu der Zeit. Mit einer Höchstgeschwindigkeit von 206 km/h prescht das Coupé in die erste Liga der Top-Fahrzeuge in Deutschland vor. Auch der Preis ist Spitze: 25 500 Mark kostet der Edelmann. Vielleicht ein Grund für die elitären Stückzahlen von lediglich 347 Exemplaren.

Die Ausstattung indes kommt der Vorstellung von einem Traumauto schon recht nahe. So besitzt der Diplomat V8 eine hydraulische Lenk- und Bremshilfe, Scheibenbremsen, Nebelscheinwerfer sowie Rückfahrscheinwerfer. Auch im Innern wird nicht gespart. Holz, dicke Polster und Veloursteppiche dominieren.

Der diplomatische Chor: Viel chromglänzender Zierrat als Verwandtschaftsmerkmal zum amerikanischen Vetter.

Bequem hat es der Fahrer auch dank der elektrischen Fensterheber und des von innen verstellbaren Außenspiegels. Leselampen, Fußraumleuchten im Fond, Aschenbecher und Zigarrenanzünder komplettieren das gediegene Wohnzimmer-Ambiente. Die in Frage kommende Käuferschicht ist noch recht dünn in Deutschland.

1963 wird Ludwig Erhard als Nachfolger von Konrad Adenauer zum Bundeskanzler gewählt und verkündet alsbald die Parole vom „Maßhalten“. Dennoch findet ein verhaltener Luxus seinen Platz in der Gesellschaft. Das Diplomat V8 Coupé versinnbildlicht in gewisser Weise die Kunst, einen hohen standesgemäßen Anspruch zu demonstrieren, aber zugleich nicht damit zu protzen. Mit dieser eleganten Gratwanderung ist er auch ein schöner Zeitzeuge für diese Phase in den 60er Jahren.

Gesicht in der Menge: Mit genau 347 gebauten Exemplaren eine rare Spezies auf der Straße.

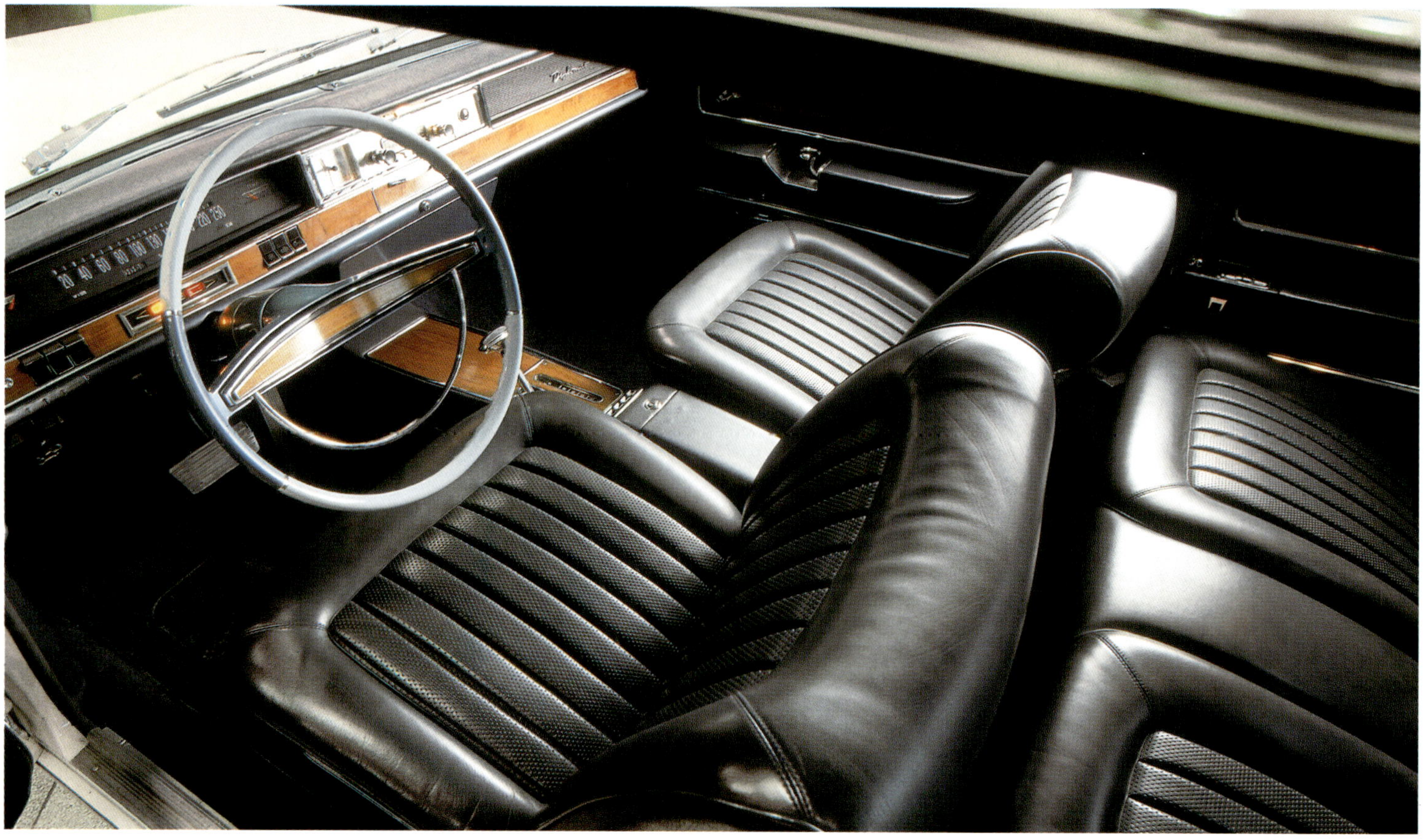

Zeit und Raum: Die Technik ist voluminös, strotzt aber vor Kraft und besticht durch Zuverlässigkeit.

Generationen-Treffen

Das Familientreffen in Sachen Opel GT am Lago di Garda hat es in sich. Was da in trauter Dreisamkeit über die Uferstraße Gardesana flitzt, begeistert die design-verwöhnten Italiener. Vergleiche mit den heimischen Automobil-Ikonen aus Maranello sind zugelassen. Der gelbe Urahn „Experimental GT" führt den Ausflug an, gefolgt vom roten Serienmodell und dem offenen, blauen Aero GT.

Evolution: Aus Experimental GT wird Serien-GT wird Aero GT.

Experiment: GT-Prototypen dienen zunächst der Erforschung von Hochgeschwindigkeits-Fahrwerken.

Die Besucher der IAA 1965 trauen ihren Augen nicht. Da steht doch tatsächlich ein zweisitziges Sportcoupé auf dem Opel-Messestand, das so gar nicht in die gewohnte mitteleuropäische Großserienwelt passen will. Die überzeugende Karosserielinie dieses „Experimental-GT“ folgt dem aus Amerika importierten, hochmodernen „Coke-Bottle-Shape“: Flacher Bug mit Klappscheinwerfern, bauchige Kotflügel, eine schlanke Taille, das Heck mit „scharfer“ Abrisskante… Wie eine Cola-Flasche eben. Hätte dieses Coupé zu astronomischen Preisen das Modellprogramm einer italienischen Sportwagenschmiede bereichert - O.K… Aber auf dem Opel-Stand, bei einer eventuellen Serienfertigung zu den bekannt günstigen Opel-Preisen?

Die damaligen Opel-Offiziellen mit Nelson J. Storck an der Spitze verneinen die Fragen nach einem Großserieneinsatz heftig: „Der Experimental-GT ist ein reines Hochleistungslaboratorium auf Rädern, das Motoren und Fahrwerksteile auch bei besonders hohen Geschwindigkeiten testen kann."

Tatsächlich ist der Experimental GT ein handgefertigtes Einzelstück. Der Name verrät jedoch von allen unbemerkt Sinn und Zweck dieser Studie. Der Ur-GT soll weniger die Experimentierfreudigkeit der Opel-Ingenieure demonstrieren, sondern die Coupé-Akzeptanz beim jungen und junggebliebenen Publikum erforschen. Und die ist nicht nur in Frankfurt riesengroß. Auf der anschließenden Wanderschaft durch die Messehallen der renommierten Autosalons in Turin, Genf, Paris und New York entfacht der Experimental-GT ebenfalls Begeisterungsstürme. Angesichts dieser überwältigenden Erfolge beschließt Opel, den GT in Serie zu fertigen. Außerdem hat die Konzernmutter General Motors mit einem ähnlichen Konzept bereits große Erfolge gefeiert. Die Chevrolet Corvette beschert dem größten Automobilhersteller der Welt neben beeindruckenden Verkaufszahlen einen gewaltigen Imageschub.

Der Experimental GT erreicht beachtliche Kurvengeschwindigkeiten, straffe Ganzkörper-Haftschalen fixieren die Insassen.

BO-ZN 678

1968, nur drei Jahre nach der Initialzündung auf der IAA, ist die Studie zum Serienauto gereift. Mittlerweile steht fest, wer den GT bauen soll. Die Rüsselsheimer Zentrale ist voll ausgelastet, Bochum kann bestenfalls die Endmontage übernehmen. Da erinnert man sich an die französischen Karosseriebauer Chausson und Brissoneau & Lotz, die schon wegen anderer Projekte in Rüsselsheim vorstellig wurden. Nach kurzer Zeit ist Einigkeit erzielt, die in Creil in der Nähe von Paris ansässigen Karosseriebauer sollen den GT-Rohbau fertigen, die Endmontage erfolgt dann in Bochum.

Die für damalige Verhältnisse sehr kurze Entwicklungszeit von drei Jahren verdankt der GT seinen Zutaten aus dem Opel-Baukasten. Das Chassis und die progressiv schraubengefederte Starrachse mit Längslenkern und Panhardstab stammen ebenso aus der Kadett B-Baureihe wie die Doppelquerlenker-Vorderachse mit querliegender Blattfeder. Zum agileren Handling versetzen die Entwicklungsingenieure den Motor im Vergleich zum Kadett B dreißig Zentimeter nach hinten, ein zusätzlicher Querträger stützt das Triebwerk ab.

Bei der Entwicklungsarbeit bewährt sich das 1966 eingeweihte Testzentrum in Dudenhofen bestens. Besonders die knapp fünf Kilometer lange Hochgeschwindigkeitsbahn erweist sich zur Erprobung der Fahrwerksqualitäten bei Spitzentempo als äußerst nützlich. Es gibt damals nicht wenige, die bezweifelten, der GT würde in Dudenhofen getestet. Eigentlich sei es ja genau umgekehrt: Der GT testet Dudenhofen.

Den Kunden stehen zwei Triebwerke zur Auswahl: Ein 1,1 Liter-Vierzylinder mit 60 PS, bekannt und bewährt aus der Kadett-Familie, und ein ebenso gestan-

Eine scharfe Abrisskante am Heck, bündige Türen und Klappscheinwerfer sorgen für eine gute Aerodynamik.

denes 1,9 Liter-Aggregat mit 90 PS aus der Rekord-Baureihe. Serienmäßig gelangt die Motorkraft über ein manuelles Viergang-Getriebe zur Hinterachse. Die knapp gefasste Aufpreisliste weist eine neu entwickelte Dreigang-Automatik aus. Diese Option wirkt auf den sportlichen GT-Kundenkreis höchst befremdlich und wird demzufolge äußerst selten geordert. Dagegen erfreut sich der Schaltautomat bei den amerikanischen GT-Käufern großer Beliebtheit.

Die Karosserie des Serien-GT unterscheidet sich dann doch deutlicher vom Experimental GT als ursprünglich geplant. Bei Messungen im Windkanal der Universität Stuttgart erhält die Blechhaut ihren Feinschliff. Die Frontpartie fällt nun etwas wuchtiger und höher aus, der vordere Überhang wird kürzer. Eine Ausbuchtung für den Ansaugtrakt ermöglicht eine flache Motorhaube. Vor der stark geneigten und gewölbten Frontscheibe arbeiten gegenläufige Scheibenwischer, deren Lager die hintere Haubenkante überdeckt. Im Luftstrom des Windkanals bewährt sich auch die hintere, umlaufende Abrisskante. Sie sorgt für ausreichend Abtrieb an der Hinterachse bei gleichzeitiger Verbesserung der Gesamtaerodynamik. Diese ausgeklügelte Form bereitet den Entwicklern bei Testfahrten ungeahnte Probleme. Nicht in technischer, sondern journalistischer Hinsicht, und zwar mit den „Erlkönigjägern". Denn „die aerodynamische Form der GT-Erlkönige ließ eine Tarnung durch Attrappen einfach nicht zu", wie die Presseerklärung im September 1968 verkündet.

Sportliche Attribute: Dreispeichen-Holzlenkrad, reichlich Rundinstrumente, Knüppelschaltung und zentraler Tankstutzen.

Einen Kofferraumdeckel sucht man aber nach wie vor vergeblich. In Anlehnung an die große amerikanische Konzernschwester Chevrolet Corvette findet das Gepäck den Weg zum Rückraum durch die seitlichen Türen. Die Klappscheinwerfer haben eine elliptische statt einer rechteckigen Klappe und fahren nicht elektropneumatisch, sondern manuell aus. Der Betätigungshebel auf der Mittelkonsole gleich neben dem Aschenbecher und der „Knüppelschaltung" würde heute die Bezeichnung „Joy Stick" erhalten. Denn was gibt es Schöneres, als vor staunendem Publikum unter wohlwollenden Blicken der Beifahrerin den GT-Augenaufschlag zu zelebrieren. Der Innenraum des Opel GT mit seinen Kunstleder-Schalensitzen, dem Dreispeichen-Lenkrad und den für die damalige Zeit modernen Rundinstrumenten verströmt auch heute noch jenes Flair, das nach der Sonnenbrille mit gelochten Metallbügeln und den obligatorischen Sportfahrer-Handschuhen verlangt.

Auch über die passive Sicherheit denken die Entwicklungsingenieure intensiver nach und erarbeiten ein Lastenheft mit 23 Sicherheitseinrichtungen, die sie in das Serienmodell integrieren. Dazu gehören unter anderem Dreipunkt-Sicherheitsgurte (1968 keineswegs selbstverständlich), hohe Sitzlehnen mit Kopfauflage, Polsterung aller harten Flächen am Armaturenbrett, eingebauter Überrollschutz, stoßenergieverzehrende Wagenfront und Wagenheck, stabiler Fahrgastraum und eine abgewinkelte, energieabsorbierende Sicherheitslenksäule mit Einwegbremshülse.

Mit den revolutionär angelegten Anzeigenkampagnen stehen die Opel-Werbetexter in Sachen Phantasie ihren Design-Kollegen in nichts nach. Unter dem Titel „Nur Fliegen ist schöner" werben Texte wie „Woooaamm! Woooaammmm!! Rrrrrrrrrrrroooooooooooooooooooorrrr-rrrrrrrr!!!! Das ist der GT-Sound." um die Gunst der Käufer. Beliebt ist auch der Werbetext unter gleichem Motto: „Straßen, wo seid ihr? Ich komme. Kurven, wo seid ihr? Ich komme. Ich, Opel GT. Der Rassige, Sportliche, Sichere. Ich, Opel GT. Ge-

Rücksicht: Die Heckscheibe des Aero GT bildet einen perfekten Rahmen für Experimental GT und GT 1900.

boren, um Ihr Sportfahrerherz zu erobern. Wo sind Sie? Ich komme." Das „Nur Fliegen ist schöner" avanciert bald zum geflügelten Wort und ist in aller Munde. Der Opel GT erreicht in seiner fünfjährigen Bauzeit eine selbst von Optimisten nie erwartete Auflage: Über 103 000 Exemplare verlassen die Bochumer Produktionsbänder. Davon exportiert Opel über 70 000 in die USA. Ein Großteil der Fertigung entfällt auf die Varianten mit dem leistungsstarken 1,9 Liter, vom „kleinen" Modell mit 1,1 Liter-Motor entstehen nur 3 573.

Dacharbeiten: Zum Leidwesen der Fangemeinde bleibt die GT-Eröffnung eine Studie.

Dreharbeiten: Die GT-Scheinwerfer rotieren beim Öffnen und Schließen um die Längsachse.

Kaum ein Jahr nach Erscheinen des Serien-GT eröffnet Opel mit dem Aero GT neue Perspektiven. Ein wunderschönes Targa-Coupé mit senkrecht stehender Heckscheibe und abnehmbarem Dach schmückt den Frankfurter IAA-Messestand. Die Heckpartie ist neu gestaltet, wobei die hinteren Seitenfenster entfallen. Ein stabiler Targabügel mit modischen, seitlichen Kiemen rahmt den Aero GT ein. Eine senkrecht stehende Heckscheibe, die sich elektrisch versenken lässt, bildet den Abschluss des Innenraums, seitliche Streben führen die Seitenlinie wie beim Serienbruder bis zum Heck fort. Die Resonanz ist groß, das Publikum begeistert. Die Fans lassen sich in Erinnerung an die offiziellen Statements anlässlich der Experimental GT-Premiere von den vehement vorgetragenen Absagen einer Serienfertigung wenig beeindrucken. Sie sehen den offenen GT schon in den Ausstellungsräumen der Opel-Händler stehen. Diesmal erfüllen sich die Hoffnungen jedoch nicht, der Aero GT kommt über die Studienphase nicht heraus.

Die Karosserie, im Bodenbereich verstärkt und so gegenüber dem Coupé deutlich schwerer, wird vom italienischen Karosseriespezialisten Fissore gebaut und erstrahlt in sattem Orange. Das hier gezeigte Modell ist die zweite Aero GT-Fassung und entspringt einer Forderung der amerikanischen Vertriebstochter, die ein weiteres Fahrzeug dringend für Ausstellungszwecke benötigt. Wiederum steht ein italienischer Karosseriebaubetrieb bereit, der renommierte Blechschneider Michelotti, und baut den Aero Nr. 2. Markantestes Unterscheidungsmerkmal der technisch identischen Zwillinge: Der jüngere erstrahlt in dezentem Blaumetallic und wirkt wesentlich eleganter als sein älterer Bruder, der zudem sein Serienschuhwerk gegen voluminöse Breitreifen auf verchromten Tiefbettfelgen eintauschen musste.

Technische Daten

Opel-Patentmotorwagen „System Lutzmann“ 1899-1901

Motor: liegender Einzylinder-Heckmotor, 1545 cm³, ca. 3,5 PS bei 650/min, Thermosyphonkühlung, Oberflächenvergaser, Summerzündung, Tropfölung. Kraftübertragung: Riementrieb auf Vorgelegewelle, 2-Gang-Planetengetriebe, Kettenantrieb auf die Hinterräder. Höchstgeschwindigkeit: 20 km/h. Verbrauch: ca. 10 l/100 km. Grundpreis: 2 650,- Mark.

Opel-Motorwagen „System Darracq“ 9 PS 1902-1903

Motor: stehender Einzylinder-Frontmotor, 1281 cm³, 9 PS bei 1400/min, Wasserkühlung mit Rippenrohrkühler, Spritzvergaser, Batteriezündung, Handpumpen-Schmierung. Kraftübertragung: Lederkonuskupplung, 3-Gang-Getriebe, Kardanwelle, Heckantrieb. Höchstgeschwindigkeit: ca. 45 km/h. Verbrauch: ca. 8,5 l/100 km. Grundpreis: 5 900,- Mark.

Opel-Motorwagen 10/12 PS 1902-1906

Motor: Zweizylinder-Frontmotor mit Querstrom-Zylinderkopf, seitlich stehende Ventile, zwei untenliegende Nockenwellen, 1885 cm³, 12 PS bei 1200/min, Wasserkühlung mit Ventilator und Pumpe. Kraftübertragung: Lederkonuskupplung, 3-Gang-Getriebe, Kardanwelle, Heckantrieb. Höchstgeschwindigkeit: 45 km/h. Grundpreis: 6 000 Mark.

4/8 PS „Doktorwagen“ 1909

Motor: Vierzylinder-Reihenmotor, einteiliger Zylinderblock, Kurbelgehäuse aus Aluminium, 1029 cm³, 8 PS, magnetisch-elektrische Lichtbogenzündung, Baggerölung. Chassis/Karosserie: U-förmige Längsträger mit Quertraversen, Holzaufbau. Verbrauch: 7,5 l/100 km. Grundpreis: 3 950 Mark.

Opel-Motorwagen 6/16 PS 1911-1920

Motor: Vierzylinder-Reihenmotor, einteiliger Zylinderblock, Kurbelgehäuse aus Aluminium, 1539 cm^3, 18 PS bei 1750/min, magnetisch-elektrische Hochspannungszündung, Baggerölung. Kraftübertragung: Lederkonuskupplung, 4-Gang-Getriebe, Kardanwelle, Heckantrieb. Fahrwerk: vorn und hinten Starrachse an 3/4 Elliptikfedern. Höchstgeschwindigkeit: 60 km/h. Grundpreis: 5 500 Mark.

5/12 PS „Huxel“ 1912

Motor: Vierzylinder-Reihenmotor, einteiliger Zylinderblock, Kurbelgehäuse aus Aluminium, 1300 cm^3, 14,5 PS bei 1800/min, magnetisch-elektrische Hochspannungszündung, Baggerölung. Kraftübertragung: Lederkonuskupplung, 4-Gang-Getriebe, Kardanwelle, Heckantrieb. Fahrwerk: vorn und hinten Starrachse an 3/4 Elliptikfedern. Höchstgeschwindigkeit: 55 km/h. Verbrauch: 8,0 l/100 km. Grundpreis: 4 200 Mark.

Grand Prix-Rennwagen 1913

Motor: Vierzylinder-Reihenmotor, 4 Ventile je Zylinder, eine obenliegende Nockenwelle über Königswelle angetrieben, 3 970 cm^3, 110 PS. Kraftübertragung: Lederkonuskupplung, 4-Gang-Getriebe, Kardanwelle, Hinterradantrieb. Radaufhängung: vorn und hinten Starrachse an halbelliptischen Blattfedern mit Reibungsstoßdämpfern. Bremsanlage: Innenbackenbremse per Fußpedal auf das Getriebe, Innenbackenbremse per Handhebel auf die Hinterräder wirkend. Radstand: 2 850 mm. Leergewicht: 1000 kg. Höchstgeschwindigkeit: ca. 150 km/h.

12,3 Liter-Rennwagen 1914

Motor: Vierzylinder-Reihenmotor, 4 Ventile je Zylinder, eine obenliegende Nockenwelle über Königswelle angetrieben, 12 272 cm^3, 260 PS bei 2 900 U/min. Kraftübertragung: Lederkonuskupplung, 4-Gang-Getriebe, Kardanwelle, Hinterradantrieb. Radaufhängung: vorn und hinten Starrachse an halbelliptischen Blattfedern mit Reibungsstoßdämpfern. Bremsanlage: Innenbackenbremse per Fußpedal auf das Getriebe, Innenbackenbremse per Handhebel auf die Hinterräder wirkend. Höchstgeschwindigkeit: ca. 230 km/h.

8/25 PS „Spitzkühler“ 1916-1922

Motor: Vierzylinder-Reihenmotor, seitlich stehende Ventile, 2 332 cm^3, 28 PS bei 1600/min, Wasserkühlung mit Zellenkühler, Zentrifugalpumpe und Ventilator, Opel-Spritzvergaser, magnetisch-elektrische Hochspannungszündung, Druckumlaufschmierung. Länge/Breite/Höhe: 4 500/1 700/2 300 mm. Radstand: 3 155 mm. Höchstgeschwindigkeit: ca. 65 km/h. Grundpreis: 8 600,- Mark.

Bahnrennmaschine 1922

Motor: wassergekühlter Einzylinder-Viertaktmotor, vier Ventile über Traversen von zwei Kipphebeln und Stößelstangen betätigt, Kurbelgehäuse, Zylinder und Kolben aus Magnesium, 198 cm^3, 5,5 PS bei 4 400/min. Kraftübertragung: indirekt über Primär- und Sekundärkette von der Nockenwelle über Zwischenwelle zum Hinterrad, keine Kupplung, kein Getriebe. Leergewicht: 69,5 kg. Höchstgeschwindigkeit: 100 km/h.

4/12 PS „Laubfrosch“ 1924-1926

Motor: Vierzylinder-Reihenmotor, abnehmbarer Zylinderkopf, Zylinderkopf und -block aus Grauguss, Kurbelgehäuse aus Aluminium, 951 cm^3, 12-14 PS bei 2 400/min, Bosch-Magnetzündung, Fallstrom-Vergaser. Kraftübertragung: Einscheiben-Trockenkupplung, 3-Gang-Getriebe, Kardanwelle, Heckantrieb, Mittelschaltung. Leergewicht: 570 kg. Höchstgeschwindigkeit: 60 km/h. Verbrauch: 5,0 l/100 km. Grundpreis (1926): 2 950,- RM.

RAK 2 1928

Raketenfahrzeug mit Feststoffantrieb, 24 Pulver-Raketen Kaliber 80 mm mit je 5 400 Gramm gepresstem Schießpulver, Länge 500 mm, Düsendurchmesser 35 mm, Mündungsöffnung 90 mm. Mittlerer Schub je Treibsatz 250 kg. Verstellbare, seitliche Stabilisierungsflügel mit negativem Anstellwinkel. Höchstgeschwindigkeit (AVUS-Rennstrecke Berlin, 23. Mai 1928): 236 km/h.

Motoclub 500 SS 1928-1929

Motor: luftgekühlter OHV-Einzylinder-Viertaktmotor, abnehmbarer Zylinderkopf, Ventile über Kipphebel und Stößelstangen betätigt, Pleuel und Kurbelwelle rollengelagert, Aluminiumkolben, 500 cm^3, 22 PS, Trockensumpfschmierung. Rahmen: Pressstahlrahmen aus U-Profilen, zu starren Dreiecksverbindungen mit Chromnickelnieten kombiniert, rostsicher galvanisiert. Bremsen: vorn und hinten Trommelbremsen, gleichzeitige Betätigung durch Fußbremshebel. Leergewicht: 135 kg. Höchstgeschwindigkeit: 120 km/h. Grundpreis: 1290,- RM.

1,2 Liter 1931-1935

Motor: Vierzylinder-Reihenmotor, Zylinderkopf und -block aus Grauguss, 1186 cm^3, 22 PS bei 3200/min, 65 Nm bei 1700/min, Wasserkühlung mit Pumpe und Ventilator, Opel-Fallstrom-Vergaser, Druckumlaufschmierung. Kraftübertragung: Einscheiben-Trockenkupplung, Opel-3-Gang-Getriebe, Kardanwelle, Heckantrieb, Differential mit Spiralverzahnung, Mittelschaltung. Leergewicht: 750 kg. Höchstgeschwindigkeit: 85 km/h. Verbrauch: 8,5-9,0 l/100 km. Grundpreis: 1950,- RM.

1,8 Liter „Moonlight-Roadster" 1933

Motor: Sechszylinder-Reihenmotor, Zylinderkopf und -block aus Grauguss, 1790 cm^3, 33,5 PS bei 3200/min, 100 Nm bei 1000/min, Wasserkühlung mit Pumpe und Ventilator, Solex-Steigstrom-Vergaser 30 FVN, Druckumlaufschmierung. Chassis/Aufbau: Pressstahlrahmen aus U-Profilen, zweitürige Sonderkarosserie Firma Deutsch (Köln), zwei Sitzplätze. Bremsanlage: vorn und hinten Trommelbremsen mit Seilzugbetätigung, Handbremse auf die Kardanwelle wirkend. Verbrauch: ca. 11 l/100 km. Höchstgeschwindigkeit: ca. 95 km/h. Stückzahl: 51. Preis: 3895 RM.

1,8 Liter Sportzweisitzer 1933

Motor: Sechszylinder-Reihenmotor, Zylinderkopf und -block aus Grauguss, 1790 cm^3, 33,5 PS bei 3200/min, 100 Nm bei 1000/min, Wasserkühlung mit Pumpe und Ventilator, Solex-Steigstrom-Vergaser 30 FVN, Druckumlaufschmierung. Chassis/Aufbau: Pressstahlrahmen aus U-Profilen, zweitürige Stahlblech-Karosserie mit zwei Sitzen. Bremsanlage: vorn und hinten Trommelbremse mit Seilzugbetätigung, Handbremse auf die Kardanwelle wirkend. Verbrauch: ca. 11 l/100 km. Höchstgeschwindigkeit: ca. 95 km/h. Preis: 3500 RM.

P4 1935-1937

Motor: Vierzylinder-Reihenmotor, Zylinderkopf und -block aus Grauguss, 1073 cm^3, 23 PS bei 3400/min, 60 Nm bei 2000/min, Wasserkühlung mit Pumpe und Ventilator, Opel-Fallstrom-Vergaser mit Beschleunigungspumpe, Druckumlaufschmierung. Kraftübertragung: Einscheiben-Trockenkupplung, Opel-3-Gang-Getriebe, Kardanwelle, Heckantrieb, Differential mit Spiralverzahnung, Mittelschaltung. Leergewicht: 755 kg. Höchstgeschwindigkeit: 85 km/h. Verbrauch: 8,5-9,0 l/100 km. Grundpreis: 1650,- RM.

Olympia Cabrio-Limousine 1935-1937

Motor: Vierzylinder-Reihenmotor, 1288 cm^3, 24 PS bei 3300/min, 70 Nm bei 1060/min, Wasserkühlung mit Pumpe und Ventilator, Opel-Fallstrom-Vergaser mit Beschleunigungspumpe, Druckumlaufschmierung. Kraftübertragung: Einscheiben-Trockenkupplung, Opel-3-Gang-Getriebe, Kardanwelle, Heckantrieb, Differential mit Spiralverzahnung, Mittelschaltung. Chassis/Aufbau: selbsttragende Ganzstahlkarosserie. Leergewicht: 835 kg. Höchstgeschwindigkeit: 95 km/h. Verbrauch: 9,5 l/100 km. Grundpreis: 23500,- RM.

Super 6 Gläser Cabriolet 1938

Motor: Sechszylinder-OHV-Reihenmotor, Zylinderkopf und -block aus Grauguss, hängende Ventile über Kipphebel und Stößelstangen betätigt, untenliegende Nockenwelle über Stirnräder angetrieben, 2 473 cm^3, 55 PS bei 3 500/min, 145 Nm bei 1600/min. Chassis/Aufbau: Kastenrahmen mit Kreuztraversen, zweitürige Sonderkarosserie Fa. Gläser (Dresden) mit hinteren, ausklappbaren Notsitzen, 2+2 Sitzplätze. Verbrauch: ca. 13 l/100 km. Höchstgeschwindigkeit: 115 km/h.

Kadett 1937-1973

Kadett 1937-1940

Motor: Vierzylinder-Reihenmotor, seitlich stehende Ventile, Zylinderkopf und -block aus Grauguss, 1073 cm^3, 23 PS bei 3 400/min, 60 Nm bei 2 000/min, Wasserkühlung mit Pumpe und Ventilator, Opel-Fallstrom-Vergaser mit Beschleunigungspumpe, Druckumlaufschmierung. Kraftübertragung: Einscheiben-Trockenkupplung, 3-Gang-Getriebe, Kardanwelle, Heckantrieb, Differential mit Spiralverzahnung, Mittelschaltung. Bremsanlage: vorn und hinten hydraulisch betätigte Trommelbremsen. Leergewicht: 757 kg. Höchstgeschwindigkeit: 98 km/h. Verbrauch: 7,5-8,5 l/100 km. Grundpreis: 1795,-.

Kadett A 1962-1965

Motor: Vierzylinder-OHV-Reihenmotor, hängende Ventile über Kipphebel und Stößelstangen betätigt, Nockenwelle über Rollenkette angetrieben, 1 078 cm^3, 40 PS bei 5 000/min, 72 Nm bei 2 200-3 000/min, frostsichere Überdruck-Flüssigkeitskühlung, Opel-Fallstrom-Vergaser mit Beschleunigungspumpe, Druckumlaufschmierung. Kraftübertragung: Einscheiben-Trockenkupplung, 4-Gang-Getriebe, Kardanwelle, Heckantrieb, Differential mit Spiralverzahnung, Mittelschaltung. Bremsanlage: vorn und hinten hydraulisch betätigte Trommelbremsen. Leergewicht: 670 kg. Höchstgeschwindigkeit: 120 km/h. Verbrauch: 6,5-7,5 l/100 km. Grundpreis: 5 075,- DM.

Kadett B 1965-1973

Motor: Vierzylinder-OHV-Reihenmotor, hängende Ventile über Kipphebel und Stößelstangen betätigt, Nockenwelle über Rollenkette angetrieben, 1 078 cm^3, 45 PS bei 5 000/min, 76 Nm bei 2 400-3 200/min, frostsichere Überdruck-Flüssigkeitskühlung, Opel-Fallstrom-Vergaser mit Beschleunigungspumpe, Druckumlaufschmierung. Kraftübertragung: Einscheiben-Trockenkupplung, 4-Gang-Getriebe, Kardanwelle, Heckantrieb, Differential mit Spiralverzahnung, Mittelschaltung. Bremsanlage: vorn Scheiben-, hinten Trommelbremsen, hydraulisch betätigt. Leergewicht: 745 kg. Höchstgeschwindigkeit: 125 km/h. Verbrauch: 7,8 l/100 km. Grundpreis: 5 175,- DM.

Admiral 1937-1939

Motor: Sechszylinder-OHV-Reihenmotor, Zylinderkopf und -block aus Grauguss, hängende Ventile über Kipphebel und Stößelstangen betätigt, untenliegende Nockenwelle über Stirnräder angetrieben, 3 626 cm^3, 75 PS bei 3 200/min, 210 Nm bei 1 700/min. Chassis/Aufbau: Kastenrahmen mit X-Traversen, Stahlblech-/Holzaufbau. Länge/Breite/Höhe: 5 270/1 800/1 710 mm. Radstand: 3 155 mm. Leergewicht: 1 605 kg. Verbrauch: ca. 17,5 l/100 km. Höchstgeschwindigkeit: 132 km/h. Grundpreis: 6 500,- RM.

Kapitän 1938-1940

Motor: Sechszylinder-OHV-Reihenmotor, Zylinderkopf und -block aus Grauguss, hängende Ventile über Kipphebel und Stößelstangen betätigt, untenliegende Nockenwelle über Stirnräder angetrieben, 2 473 cm^3, 55 PS bei 3 500/min, 145 Nm bei 1 600/min. Chassis/Aufbau: selbsttragende Stahlblechkarosserie. Fahrwerk: vorn Einzelradaufhängung an doppelten Querlenkern, Schraubenfedern, hydraulische Hebelstoßdämpfer, Stabilisator, hinten Starrachse an Blattfedern, hydraulische Hebelstoßdämpfer. Verbrauch: ca. 13,4 l/100 km. Höchstgeschwindigkeit: 126 km/h. Grundpreis: 3 757,- RM.

Opel Blitz 1,5 to 1946-1951

Motor: Sechszylinder-OHV-Reihenmotor, Zylinderkopf und -block aus Grauguss, hängende Ventile über Kipphebel und Stößelstangen betätigt, untenliegende Nockenwelle über Stirnräder angetrieben, 2 473 cm^3, 55 PS bei 3 500/min, 145 Nm bei 1 600/min. Chassis/Aufbau: U-Profil-Leiterrahmen mit 5 Querträgern, zweitüriges Ganzstahl-Fahrerhaus, Pritschenwagen. Leergewicht: 1 675 kg. Zulässiges Gesamtgewicht: 3 400 kg. Nutzlast: 1 725 kg. Grundpreis: 5 500,- DM.

Olympia 1951-1953

Motor: Vierzylinder-OHV-Reihenmotor, hängende Ventile über Kipphebel und Stößelstangen betätigt, Nockenwelle über Rollenkette angetrieben, 1 488 cm^3, 39 PS bei 3 500/min, 90 Nm bei 2 000/min, Wasserkühlung mit Pumpe und Ventilator, Opel-Fallstrom-Vergaser mit Beschleunigungspumpe, Druckumlaufschmierung. Kraftübertragung: Einscheiben-Trockenkupplung, 3-Gang-Getriebe, 2. und 3. Gang synchronisiert, Heckantrieb, Lenkradschaltung. Tankinhalt: 35 l. Verbrauch: 8,2 l/100 km. Höchstgeschwindigkeit: 112 km/h. Grundpreis: 6 150,- DM.

Kapitän 1951-1953

Motor: Sechszylinder-OHV-Reihenmotor, Zylinderkopf und -block aus Grauguss, hängende Ventile über Kipphebel und Stößelstangen betätigt, untenliegende Nockenwelle über Stirnräder angetrieben, 2 473 cm³, 60 PS bei 3 700/min, 160 Nm bei 1 700/min. Chassis/Aufbau: Selbsttragende Stahlblechkarosserie. Fahrwerk: vorn Einzelradaufhängung an doppelten Querlenkern, Schraubenfedern, hydraulische Hebelstoßdämpfer, Stabilisator, hinten Starrachse an Blattfedern, hydraulische Hebelstoßdämpfer. Verbrauch: ca. 10,5 l/100 km. Höchstgeschwindigkeit: 133 km/h. Grundpreis: 8 990,- DM.

Opel Blitz Panoramabus 1954

Motor: Sechszylinder-OHV-Reihenmotor, Zylinderkopf und -block aus Grauguss, hängende Ventile über Kipphebel und Stößelstangen betätigt, untenliegende Nockenwelle über Stirnräder angetrieben, 2 473 cm³, 58 PS bei 3 700/min, 144 Nm bei 1 600/min. Chassis/Aufbau: U-Profil-Leiterrahmen mit 5 Querträgern, Karosserie aus elektrisch geschweißten Leichtstahlprofilen mit Karosserieblechen bespannt, Fußboden aus gespundeten Kiefernbrettern, Panoramabus für 17 Fahrgäste plus Fahrer. Zulässiges Gesamtgewicht: 3 900 kg. Höchstgeschwindigkeit: ca. 95 km/h. Verbrauch: ca. 13,5 l/100 km.

Kapitän L, Sondermodell „2 Millionen“ 1956

Motor: Sechszylinder-OHV-Reihenmotor, hängende Ventile über Kipphebel und Stößelstangen betätigt, untenliegende Nockenwelle über Stirnräder angetrieben, 2 473 cm³, 75 PS bei 3 900/min, 173 Nm bei 1 700/min. Chassis/Aufbau: selbsttragende Stahlblechkarosserie, Karosserieanbauteile blattvergoldet. Fahrwerk: vorn Einzelradaufhängung an doppelten Querlenkern, Schraubenfedern, hydraulische Hebelstoßdämpfer, Stabilisator, hinten Starrachse an Blattfedern, hydraulische Hebelstoßdämpfer. Verbrauch: 9,5 l/100 km. Höchstgeschwindigkeit: 140 km/h.

Opel Blitz 1,75 to 1952-1960

Motor: Sechszylinder-OHV-Reihenmotor, Zylinderkopf und -block aus Grauguss, hängende Ventile über Kipphebel und Stößelstangen betätigt, untenliegende Nockenwelle über Stirnräder angetrieben, 2 473 cm³, 62 PS bei 3 700/min, 151 Nm bei 1 200/min. Chassis/Aufbau: U-Profil-Leiterrahmen mit 5 Querträgern, zweitüriges Ganzstahl-Fahrerhaus, Pritschenwagen. Leergewicht: 1 740 kg. Zulässiges Gesamtgewicht: 3 800 kg. Nutzlast: 1860 kg. Grundpreis: 8 050,- DM.

Olympia Rekord Cabrio-Limousine 1953-1955

Motor: Vierzylinder-OHV-Reihenmotor, hängende Ventile über Kipphebel und Stößelstangen betätigt, Nockenwelle über Rollenkette angetrieben, 1 488 cm³, 40 PS bei 3 800/min, 96 Nm bei 1 900/min, Wasserkühlung mit Pumpe und Ventilator, Opel-Fallstrom-Vergaser mit Beschleunigungspumpe, Druckumlaufschmierung. Chassis/Aufbau: selbsttragende Stahlblech-Karosserie (Pontonform), zweitürige Cabrio-Limousine. Tankinhalt: 31 l. Verbrauch: 8,2 l/100 km. Höchstgeschwindigkeit: 115 km/h. Grundpreis: 6 250,- DM.

Olympia Rekord P1 1957-1960

Motor: Vierzylinder-OHV-Reihenmotor, hängende Ventile über Kipphebel und Stößelstangen betätigt, Nockenwelle über Rollenkette angetrieben, 1 488 cm³, 45 PS bei 3 900/min, 100 Nm bei 2 300/min, Wasserkühlung mit Pumpe und Ventilator, Opel-Fallstrom-Vergaser mit Beschleunigungspumpe, Druckumlaufschmierung. Chassis/Aufbau: selbsttragende Stahlblech-Karosserie mit Panoramascheiben vorn und hinten, zweitürige Limousine. Tankinhalt: 40 l. Verbrauch: 8,6 l/100 km. Höchstgeschwindigkeit: 125 km/h. Grundpreis: 6 385,- DM.

Kapitän L 1958-1959

Motor: Sechszylinder-OHV-Reihenmotor, hängende Ventile über Kipphebel und Stößelstangen betätigt, untenliegende Nockenwelle über Stirnräder angetrieben, 2 473 cm^3, 80 PS bei 4 100/min, 176 Nm bei 14002.400/min. Fahrwerk: vorn Einzelradaufhängung an trapezförmigen Querlenkern, progressive Schraubenfedern, Teleskop-Stoßdämpfer, Stabilisator, hinten Starrachse an Blattfedern, Teleskop-Stoßdämpfer, Stabilisator. Lenkung/Bremsen: Kugelumlauf-Lenkung, vorn Duplex-Trommel-, hinten Trommelbremsen, hydraulisch betätigt. Verbrauch: 11,5 l/100 km. Höchstgeschwindigkeit: 142 km/h.

Diplomat V8 Coupé 1965-1967

Motor: Achtzylinder-V-Motor, hängende Ventile über Kipphebel, Stößelstangen und Hydrostößel betätigt, zentral liegende Nockenwelle über Zahnräder angetrieben, Doppel-Register-Vergaser, 5 354 cm^3, 230 PS bei 4 700/min, 435 Nm bei 3 000-3 200/min. Kraftübertragung: Powerglide-Automatikgetriebe mit Drehmomentwandler und Zweigang-Planetenradsystem, Heckantrieb. Lenkung/Bremsen: servounterstützte Kugelumlauf-Lenkung, vorn Scheiben-, hinten Trommelbremsen, hydraulisch betätigt. Länge/Breite/Höhe: 4 948/1 902/1 432 mm. Radstand: 2 845 mm. Leergewicht: 1 610 kg. Tankinhalt: 82 l. Verbrauch: 15 l/100 km. Höchstgeschwindigkeit: 206 km/h. Grundpreis: 25 500,- DM.

Opel GT 1965-1973

Experimental GT 1965

Motor: Vierzylinder-OHV-Reihenmotor, hängende Ventile über Kipphebel und Stößelstangen betätigt, Nockenwelle über Rollenkette angetrieben, 1 078 cm^3, 60 PS bei 5 200/min, 85 Nm bei 3 800-5 000/min, frostsichere Überdruck-Flüssigkeitskühlung, 2 Fallstrom-Vergaser mit Beschleunigungspumpe, Druckumlaufschmierung. Fahrwerk: vorn Einzelradaufhängung an doppelten Querlenkern, querliegende Blattfeder, Teleskop-Stoßdämpfer, hinten Zentralgelenkachse an Längslenkern und Panhardstab geführt, Schraubenfedern, Teleskopstoßdämpfer

Opel GT 1968-1973

Motor: Vierzylinder-CIH-Reihenmotor, hängende Ventile über Kipphebel betätigt, seitlich im Zylinderkopf liegende Nockenwelle über Duplex-Rollenkette angetrieben, 1 897 cm^3, 90 PS bei 5 100/min, 149 Nm bei 2 500-3 100/min, frostsichere Überdruck-Flüssigkeitskühlung, Register-Fallstromvergaser, Druckumlaufschmierung. Fahrwerk: vorn Einzelradaufhängung an doppelten Querlenkern, querliegende Blattfeder, Teleskop-Stoßdämpfer, hinten Zentralgelenkachse an Längslenkern und Panhardstab geführt, Schraubenfedern, Teleskopstoßdämpfer. Leergewicht: 940 kg. Höchstgeschwindigkeit: 185 km/h. Verbrauch: 8,5 l/100 km. Grundpreis: 11 877,- DM.

Aero GT 1969

Motor: Vierzylinder-CIH-Reihenmotor, hängende Ventile über Kipphebel betätigt, seitlich im Zylinderkopf liegende Nockenwelle über Duplex-Rollenkette angetrieben, 1 897 cm^3, 90 PS bei 5 100/min, 149 Nm bei 2 500-3 100/min, frostsichere Überdruck-Flüssigkeitskühlung, Register-Fallstromvergaser, Druckumlaufschmierung. Chassis/Aufbau: im Bodenbereich verstärkte, selbsttragende GT-Serienkarosserie, zweitüriges Sportcoupé mit abnehmbarem Dachteil und elektrisch versenkbarer Heckscheibe. Fahrwerk: vorn Einzelradaufhängung an doppelten Querlenkern, querliegende Blattfeder, Teleskop-Stoßdämpfer, hinten Zentralgelenkachse an Längslenkern und Panhardstab geführt, Schraubenfedern, Teleskopstoßdämpfer.

Wir danken für die freundliche Unterstützung

Freilichtmuseum Hessenpark GmbH,
61267 Neu-Anspach/Ts.

Fremdenverkehrsbüro Splügen, Schweiz

Landesentwicklungsgesellschaft Nordrhein-Westfalen

Westfälisches Freilichtmuseum Hagen,
Mäckingerbach, 58091 Hagen

Weingut Huxel Nachfahre,
An der Letze 46, 67593 Westhofen

Boesch Motorboote,
Seestraße 197, 8802 Kilchberg, Schweiz

OK Klausenpass-Memorial Bernhard Brägger,
Linthal, Schweiz

Wasser- und Schifffahrtsamt Tönning

Jan Spierings, Nieuwstraat 42,
5447 BG Rijkevoort, Niederlande

RUD Kettenfabrik,
Aalen-Unterkochen

Het Zuiderzeemuseum,
Wierdijk, 1600 AA Enkhuizen, Niederlande

Dethleffs GmbH,
Rangenbergerweg 34, 88316 Isny

Verein der ehemaligen Rechtler,
Oberstdorf

Brooklands Museum, Weybridge,
Surrey, United Kingdom

Acebell Aviation, Redhill Aerodrome,
Surrey, United Kingdom

Verein Bregenzerwaldbahn-Museumsbahn,
6870 Bezau, Österreich

Inhaltsverzeichnis